U0391187

中非环境合作战略研究

李　霞　周国梅　刘　婷　编著

中国环境出版社・北京

图书在版编目（CIP）数据

中非环境合作战略研究/李霞，周国梅，刘婷编著. —北京：中国环境出版社，2014.8
ISBN 978-7-5111-1897-4

Ⅰ. ①中…　Ⅱ. ①李…②周…③刘…　Ⅲ. ①区域环境—国际合作—中国、非洲　Ⅳ. ①X321

中国版本图书馆 CIP 数据核字（2014）第 125419 号

出 版 人　王新程
责任编辑　田　怡
责任校对　尹　芳
封面设计　彭　杉

出版发行　中国环境出版社
（100062　北京市东城区广渠门内大街 16 号）
网　　址：http://www.cesp.com.cn
电子邮箱：bjgl@cesp.com.cn
联系电话：010-67112765（编辑管理部）
010-67112736（监测与监理图书出版中心）
发行热线：010-67125803，010-67113405（传真）
印　　刷　北京中科印刷有限公司
经　　销　各地新华书店
版　　次　2015 年 6 月第 1 版
印　　次　2015 年 6 月第 1 次印刷
开　　本　787×960　1/16
印　　张　8.5
字　　数　122 千字
定　　价　40.00 元

摘要报告

中国是世界上最大的发展中国家，非洲是发展中国家最多的大陆，中非的人口总量占世界总人口的三分之一以上。巩固和加强同非洲的友好合作关系是我国独立自主和平外交政策的重要组成部分，对我国参与国际政治、经济以及可持续发展进程都具有重要战略意义。环保合作作为中非合作的重要领域，是中非可持续发展的重要组成部分。当前，环境问题已经成为非洲发展道路上面临的严峻挑战之一。根据联合国环境规划署发布的《全球环境展望第五版》的评估，非洲位居世界第一的人口增长率给自然资源施加的压力已经造成了非洲资源紧张与环境退化，非洲亟须在气候变化与大气污染、土地荒漠化、水资源与水环境保护、海洋及海岸带环境、森林和生物多样性等方面采取行动。

就非洲自身的环境与发展现状来看，非洲国家具有对外开展环境合作的需求和意愿。研究中非环保合作具有服务于中非环保合作未来的现实意义。拓展中非在环境领域的合作，不仅能够推动中非双方的环保事业，也有助于展现中国负责任大国的形象，推动中国“走出去”战略实现质的提升，更好地实现中国对非整体战略目标，而且对于探索“南南合作”新模式、促进全球环境可持续发展也具有不可忽视的积极作用。

《中非环境合作战略研究》是 2012 年《中国—非洲环境合作研究》的延续和发展。本研究系统地梳理了非洲环境保护的整体发展历程，进一步深入分析了非洲区域组织的环保机制安排，在 2012 年研究成果的基础上补充了国际组织及相关国家与非洲的环境合作内容，并就中非环保合作进展进行了更新。研究进一步明确了中非环境合作的战略定位，从中方主体视角提出了促进中非环境合作的政策建议，以及对中非环境合作路线图的初步设想。

中国政府与中非合作寄予厚望。2013 年 3 月 24 日至 30 日，中国国家主席习近平访问非洲，向非洲国家领导人表达了中国对待非洲老朋友讲求的“真”、“实”、

“亲”、“诚”原则，重申了“中非从来都是命运共同体”，强调了中国与非洲“永远做可靠朋友和真诚伙伴”的决心，指出了中非关系发展“没有完成时，只有进行时”。这不仅标志着中非关系发展的新起点，也为推动中非合作向纵深发展、开启中非合作新阶段奠定了重要基础。

2014年5月4日至11日，中国国务院总理李克强访问非洲，不仅强调了“中非关系是休戚与共的关系，是共同发展的关系，是文明互鉴的关系”，更提出了“平等相待、团结互信、包容发展、创新合作”四项原则，并通过“产业合作、金融合作、减贫合作、生态环保合作、人文交流合作、和平安全合作”六大工程以及中非合作论坛这一平台，切实推动“真”、“实”、“亲”、“诚”原则落地，力争将中非合作打造成为优势互补、务实高效的典范，得到了非洲国家的积极响应。这些都为中非开展不断深化环境国际合作创造了良好的条件。

目前，作为中非合作论坛框架下的中非合作领域之一，中非环境合作已经取得了一定成果。截至2014年12月，中国已与南非、摩洛哥、埃及、安哥拉、肯尼亚签订了双边环境保护协定，就双方优先合作领域做了详细规定。中非双方也开展了相应的环境政策对话活动及人力资源环境培训计划，中国专门面向非洲开展的环境能力建设项目已举办11期。中国—联合国环境规划署—非洲三方环境合作也已在水资源规划、生态系统管理、防灾减灾等领域取得成效。然而，总体来看，中非环境合作仍面临诸多问题。目前的中非环保合作仍处于培训等能力建设项目为主的初级阶段，合作机制仍缺乏基本项目支持。中方对环境合作在中非合作总体布局中的重要性认识尚存不足，中非双方也尚未建立稳定的环境合作机制，集中表现在缺乏长期有效的实施机构、稳定的中非环境合作资金机制和对非环境援助体系、以及切实的项目落实机制。在目前环境与发展议题已然成为全球热点、在非进行资源类开发经营活动的中资企业屡屡引发环境争议之际，加快发展中非环境合作已经势在必行。面对来自非洲与国际社会的外部压力与期望，中非环境合作的未来机遇与挑战并存。

本研究认为，应把握好未来10～20年中非环境合作稳步上升期，将中非环境合作提升为中非合作中的一个重点合作领域，使中非环境合作真正有所作为，打造中非环境合作升级版。为中国对非洲政治经济外交布局服务。坚持多边与双边环境合作共同促进，协调并举的合作方针，重视非洲关切，将环境与发展议题紧密结合，通过合作帮助非洲加强能力建设，加强非洲方面的主动性和中非双方的互动，令非洲更积极主动地参与到中非环境合作的政策设计和行动议程的制定和落实之中。

为此，本研究提出，应建立涵盖政府、企业、民间的多层次中非环境合作体系：发挥政府主导作用，统筹中非环境合作整体布局；运用市场手段，加强中非环保产业合作，促进中国企业对非投资的绿色转型；推动中非民间环保交流。此外，也应逐步拓展着眼于次区域视角的中非环境合作，明确中国与非洲不同次区域之间的优先合作领域。基于上述对中非环境合作总体战略的初步研究分析，本研究亦提出了对中非环境合作路线图的初步设想，将未来的中非环境合作初步划分为 3 个时间段，从政府、企业和民间三个层次，为分步骤推进中非环境合作提出了阶段性建议。

目　录

综述　来自非洲的声音：加强中国—非洲绿色发展合作

2014 年 4 月 15 日，习近平总书记主持召开中央国家安全委员会第一次会议，明确将生态安全纳入国家安全体系，生态安全由此正式成为国家安全的重要组成部分。这对于提升生态安全重要性认识、破解生态安全威胁，意义重大，影响深远。而中非环境合作，将不断丰富和拓展国际生态安全的内涵，有利于构建中非可持续发展合作伙伴关系，为我国政治、经济、能源等多维度生态安全战略提供有力支撑。

2013 年 3 月 24 日至 30 日，中国国家主席习近平访问非洲，再次向非洲国家领导人表达了中国对待非洲老朋友讲求的“真”、“实”、“亲”、“诚”原则，重申了“中非从来都是命运共同体”，强调了中国与非洲“永远做可靠朋友和真诚伙伴”的决心，指出了中非关系发展“没有完成时，只有进行时”。这不仅标志着中非关系发展的崭新起点，也为推动中非合作向纵深发展、开启中非合作新阶段奠定了重要基础。

2014 年 6 月，联合国环境大会在肯尼亚首都内罗毕召开，召开了首届中国—非洲环境部长级会议，来自中国与非洲国家的环境部长及负责环境保护事务的部长将共聚一堂，探讨如何推动中非环境保护务实合作、发展中非新型战略伙伴关系、促进中非共同发展。

在这一大背景下，中国—东盟环境保护合作中心联合世界自然基金会，于 2014 年 4 月 10 日在上海召开了“中非合作——构建可持续发展合作伙伴关系”研讨会。会议旨在针对自然资源负责任开发、可持续金融、可再生能源解决方案、生物多样性保护等环境与发展领域的重要议题，探讨如何开展中非合作、有效构建中非可持续发展合作伙伴关系。马达加斯加驻华大使维克托·希科尼纳、加蓬驻华大使让·罗贝尔·古隆加纳、乌干达驻华大使瓦吉多索、南非共和国驻上海总领事陶博闻出席了研讨会并发言。我们聆听了来自非洲的声音：期盼构建中非可持续发展合作伙伴关系，构建中国—非洲南南环境合作平台。中国应该抓住机遇，积极推动与非洲之间的绿色发展合作，加快实施我国环境保护“走出去”战略，通过中非环境合作不断拓展南南环境合作的深度和广度。

1 非洲经济快速发展：自然资本对于非洲的重要意义

非洲经济增长势头强劲，过去 10 年间，非洲很多国家的年增长率都超过了 5%。撒哈拉南部非洲的平均增长率超过了 5.6%，而北部非洲的平均增长率约为 4.5%（图 1）。根据国际货币基金组织的预测，未来 5 年中全球十大增速最快的经济体将有 7 个属于非洲。随着全球经济趋向复苏，非洲有潜力在 2020 年前成为下一个新兴市场。中国和非洲之间贸易往来频繁，不仅为非洲发展注入了动力，也促进了中国经济发展。

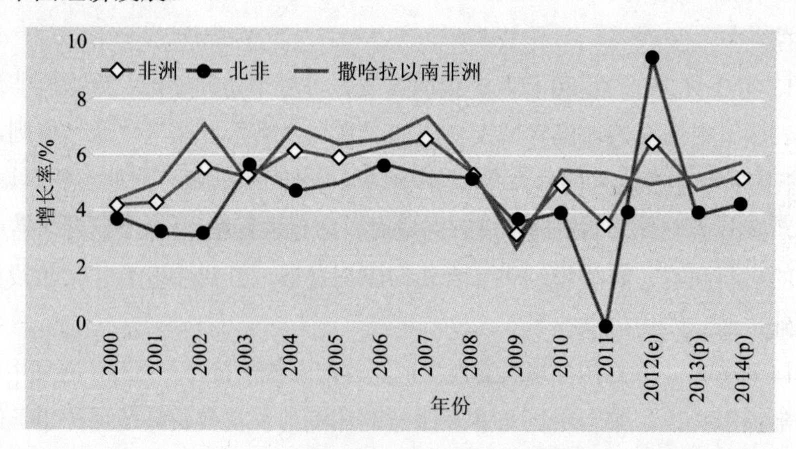

图 1 非洲经济增长情况（2000—2014）

资料来源：《非洲发展报告 2012》非洲开发银行数据库

非洲经济的快速发展主要依赖于其丰富的自然资本。开发自然资源推动了经济发展，同时也造成了生态足迹的增加。从 1961—2008 年，由于人口大幅增长，非洲所有国家的生态足迹增加了 238%；在同一时期，农业生产也相应增加，推动非洲总体生态承载力增加了 30%。然而，产量增加并不能满足需求，2008 年非洲人均生态承载力反而比 1961 年水平下降了 37%。如果按照现有方式增长，按照

2008 年非洲生物生产力价值计算，到 2015 年非洲将出现生态赤字，到 2040 年非洲整体生态足迹将翻番（见图 2）。在生态足迹不断扩大的同时，非洲也面临着气候变化、生物多样性丧失、水资源匮乏和水污染、大气污染、土地退化、海洋污染等一系列严峻的生态环境问题，同样对非洲自然资本与生态系统服务造成了巨大威胁。

鉴于非洲大陆资源和年轻的人口结构对于世界发展具有重要意义，确保非洲未来的生态安全至关重要。

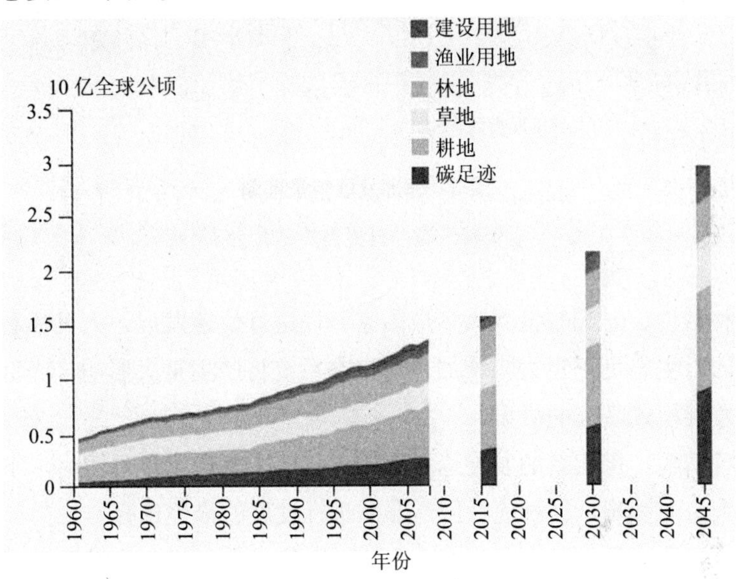

图 2 非洲生态足迹历史数据（1961—2008）及预测值（2015，2030，2045）

资料来源：世界自然基金会

非洲未来的生态保护与维护自然资本、平衡发展需求息息相关。目前，在非洲 54 个国家中，有 35 个国家还处在人类发展指数较低的区间。世界自然基金会研究发现，非洲可以有 4 种发展情境假设（见图 3）：

第一种情境，非洲的经济依旧保持不发达状态，生态足迹不增加，非洲大陆的总体发展水平仍将处于落后状态，这是一种倒退状态，显然不可取。

第二种情境，非洲经济快速发展，生态足迹增加，但是人民福利水平没有太大变化。

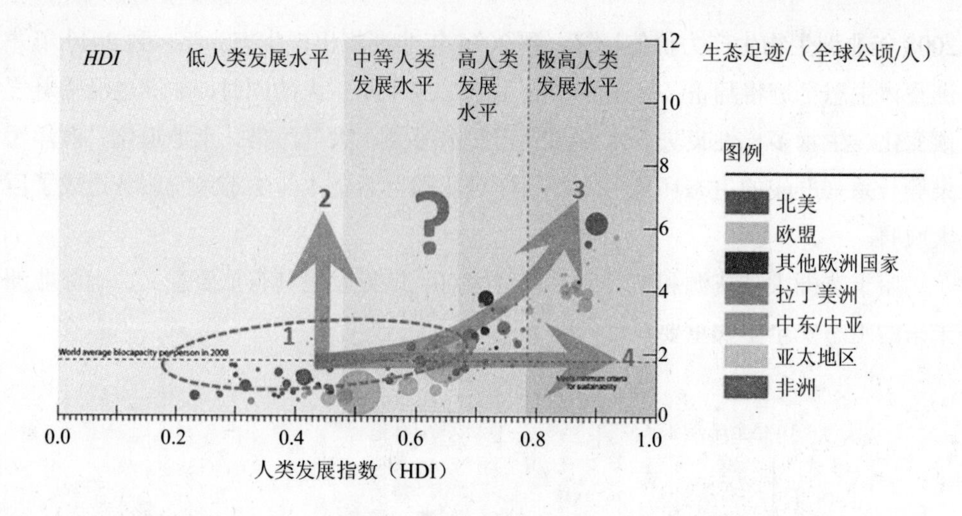

图 3　非洲发展情景预测

资料来源：世界自然基金会

第三种情境，非洲与世界大多数国家一样进行快速发展，人民福利水平大幅度改善，同时生态足迹也大幅增加，对生态系统将产生重大影响，而世界将无法负担这种发展模式带来的后果。

第四种情境，探索新的发展途径，在提高人类发展水平的同时，不对生态系统造成重大负面影响，这种途径应是非洲进行发展的最佳选择。

这 4 种发展情景的提出，将有助于非洲审慎思考如何制定发展规划。

2　来自非洲的声音：非洲国家的绿色理念与实践

非洲国家已经意识到非洲自然资本的重要作用以及进行绿色发展与可持续发展的迫切需求。部分非洲国家已经开始大刀阔斧地开展绿色实践，积极推动经济绿色转型。

2.1　非洲理念－自然毁灭三部曲：魔鬼三角形

马达加斯加大使分享了对可持续发展的认识，提出了象征自然毁灭三部曲的“魔鬼三角形”概念（见图 4）。三角形的三个角分别代表巨大的消费需求、巨型生产设备与巨额金融资本。他认为，由于当前的消费社会造成了巨大的消费需求，消费需求刺激了生产，人们于是使用巨型的生产工具不加节制地开发自然资源；自然资源开发产生了巨额利润与利益，进一步刺激巨额金融资本推动消费社会的发展。这三个角最终都加速了自然资源的耗竭与毁灭。

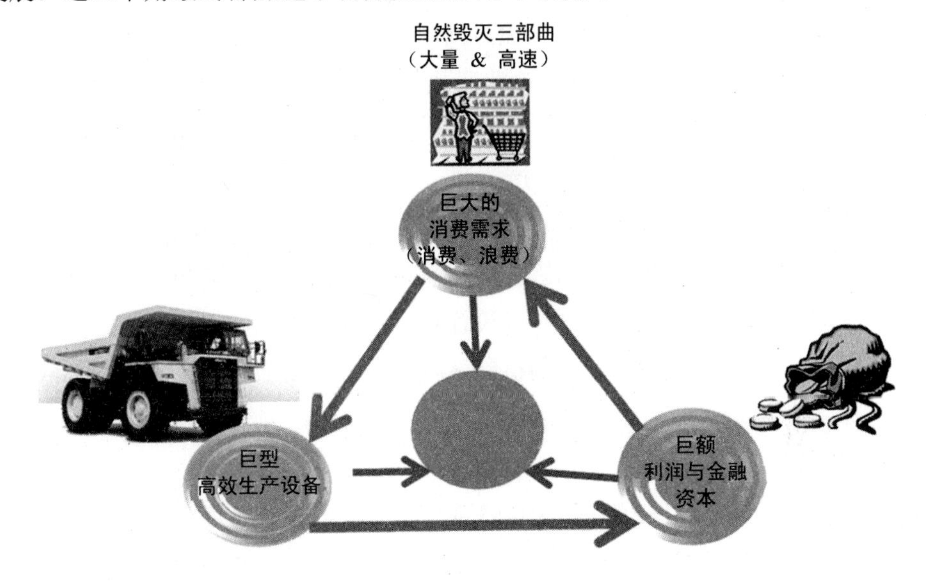

图 4　自然毁灭三部曲

资料来源：根据马达加斯加大使发言材料整理

2.2　非洲实践——绿色加蓬：推动可持续发展的政策实践

加蓬大使重点介绍了“绿色加蓬”政策实践。加蓬处于赤道地区，国土面积的 85%覆盖着森林，拥有丰富的生态系统与种类繁多的动植物，具有发展生态旅游的独特条件。加蓬矿产资源和油气资源丰富，生态旅游和油气资源开发是加蓬的支柱产业。阿里·邦戈·翁丁巴总统上台后，制定了以“绿色加蓬、服务业加蓬、工业加蓬”为发展方向、2025 年成为新兴国家为目标的整体发展战略，出台了增加基础设施投资，提高能源、资源产品就地加工比例，逐步禁止原木出口政策等措施。其中，“绿色加蓬”成为重要的国家发展战略与总体目标，环境保护成为加蓬国家发展计划中的重要组成部分。

翁丁巴总统在里约+20 峰会上发言指出，加蓬将通过加强环境投资，创造就业机会，刺激低碳发展。

2.2.1 可持续发展战略及行动计划

为了建设绿色加蓬，发展绿色经济，加蓬制定了新兴战略计划（2010—2025），该计划以兼顾民生、社会公平、可持续发展与环境保护为原则，包括自然资源支持与保护项目、战略规划与国土整治、气候计划、部门环保方案四个项目，分为2010—2015年和2016—2025年两个阶段执行，并制订了相应的行动计划。

自然资源支持与保护项目将建立自然资源数据库，调查林业资源、水生态系统与渔业资源，绘制地图并调查矿产资源，评估石油资源，制定农田土壤分布图。战略规划与国土整治项目将跟踪加蓬战略规划的执行情况、区域发展计划、全国土地规划。气候计划将面向群众宣传环保政策；制定适应与减缓气候变化计划，尤其是最敏感的生态系统；制订碳足迹计划，跟踪碳足迹，加强利用新能源。部门环保方案将建立评估污染程度的机制，防治污染；加强核安全保障，采取必要的预防和监管措施；改善人民生活。

2.2.2 政策法规

加蓬政府制定了一系列的法律、政策推动“绿色加蓬”建设。相关的法律包括：禁止或限制对受保护物种进行狩猎、采集、贸易和收藏；制定开放式或封闭式的狩猎期和捕鱼期；加强森林许可证制度的要求，要开展森林特许经营必须制订可持续管理计划；控制温室气体排放，减少或预防国家土地规划对生态系统脆弱性产生的影响；可持续发展的相关法律要求将可持续发展政策指引转化为实际行动。

2.2.3 管理部门

加蓬建立了管理具体环境事务的部门，为绿色加蓬的提供了机构保障。国家公园总局（ANPN）负责国家公园及其资源的保护工作，发展高效率的国家公园网络，并有专门的工作人员从事生态旅游的工作；国家空间观测局（AGEOS）负责制定和实施国家战略，以及发展空间监测设施；木材产业咨询局（AEAFB）重点负责林业资源调查和管理、林业产品认证；部长级气候理事会旨在加强政策连贯性，改善环境治理结构。

2.3 南非推动绿色转型的努力

南非总领事则重点介绍了南非在推动可再生能源生产与使用方面的实践，并表达了希望借助中非合作论坛框架加强与中国的可再生能源生产合作的意愿。

2.3.1 发展绿色经济的政策

南非经济过于依赖重工业和金融业，不利于南非的可持续发展。为了实现南非经济转型，创造更多的就业机会，南非政府大力推动绿色经济发展。南非总统祖玛曾表示："发展绿色经济是建设更加绿色、更加繁荣南非的重要手段。社会各界将开展经济转型，保护环境；充分利用科技进步带来的发展机遇，实现发展；共同应对气候变化，使地球更加绿色。"

2011 年 11 月 17 日，南非政府与南非各界伙伴签署了鼓励发展绿色经济的协议，并借此创造 30 万个就业机会。协议的签署推动了南非社会采取共同行动实现经济发展的转型、走向发展新路，在推动可持续发展的大背景下，建立更加发达、公平、民主的南非经济与社会。

南非政府的国家发展规划中纳入了发展绿色经济的内容。南非政府强调使用丰富的自然资源开展绿色、包容性发展，为实现经济、社会、环境层面的可持续发展做出贡献；希望积极实现南非能源产业转型、建设具有可持续性的能源部门，通过多元化的能源结构，包括石油、新能源等，使南非的发电能力翻番；加强核能源供应链的建设，实现核能源生产的本地化。

2.3.2 基础设施建设

基础设施建设对促进非洲发展至关重要。非洲开发银行实施的基础设施发展计划（PIDA）项目将重点开展基础设施建设，为国际合作伙伴提供了与非洲国家合作的多种机会。PIDA 目前确定了 6 个水电项目、4 个能源运输走廊项目、1 个石油管道项目、1 个类似项目，需要近 400 亿美元的投资。而非洲国家已将中国作为主要投资伙伴。

南非在积极参与 PIDA 项目的同时，还开展了 18 个总统批准实施的国家战略性基础设施项目，项目总投资约 4 万亿兰特。南非政府在充分发挥经济发展潜力的同时，也在思考生态基础设施的状况。南非政府正在设计第 19 个国家战略基础设施项目，重点关注的就是生态基础设施，选择水资源作为目标，在战略性水源地开展相关工作。

3 引导中国企业可持续"走出去"

近年来，随着中国实施"走出去"战略，开展对外投资的步伐明显加快，企业对外投资的领域、数量、规模在不断增强。据商务部统计，2013 年中国境内投资者共对全球 156 个国家和地区的 5 090 家境外企业进行了直接投资，累计实现非金融投资 901.7 亿美元，同比增长 16.8%。截止到 2013 年底，我国累计非金融类直接投资 5 257 亿美元，其中在非洲投资约占 5%。从行业构成来看，中国对外直接投资门类齐全，且重点比较突出，有大约 90%的投资流向了商贸服务、采矿、批发零售、制造、建筑和交通运输六大行业。

可以说，可持续的“走出去”是中国政府、金融界和企业界面临的共同挑战。近年来，中国企业边“走出去”、边污染的指责不绝于耳。在中国企业不断交国际环境“学费”的过程中，中国政府和金融机构则开始不断开展和丰富“走出去“的政策试验。

3.1 政府引导企业可持续走出去

中国对外投资正在快速发展。根据联合国贸发会议的统计表明，2012 年中国是世界第三大对外投资国，仅次于美国和日本。2013 年，习近平主席在博鳌论坛上提出，今后 5 年中国的对外投资将达到总额 5 000 亿美元。贸发会议对世界各国投资促进机构的调查表明，中国是最有前途的外国直接投资来源地之一。

如何引导中国海外投资企业的环境责任问题已成为国际社会共同关注的问题。中国政府已逐步重视中国企业的社会责任问题以及企业对东道国可持续发展的贡献。

首先，在商务部门下发的文件中，明确提出了要求和倡议。文件要求企业在“走出去”过程中严格遵守当地的法律法规，履行必要的社会责任，与当地人民和睦相处，积极参与公益事业、慈善事业和环境事业。

其次，发布指导性文件。在借鉴国际经验理念的基础上，结合中国国情，商务部和环境保护部共同制定了《对外投资合作环境保护指南》，倡导企业树立环保的理念，依法履行环保的责任，要求企业遵守东道国的法律法规，履行环境影响评价、环保应急管理等义务。同时，鼓励企业与国际接轨，研究和借鉴国际组织、多边机构采取的环保原则、标准和惯例。

再次，加强企业社会责任培训。近几年开始通过举办各种培训班、研讨会、论坛等方式，帮助中国企业“走出去”，熟悉国际惯例和国际通行的规则，不断提高企业的社会责任意识。

3.2 银行对海外投资的审查

中国企业“走出去”面临着巨大的政治、环境风险。在中国加入了世界贸易组织（WTO）的今天，贸易的摩擦仍然很多。根据商务部的统计，2013 年共有 19 个国家或地区对中国发起了贸易和经济的调查，比 2012 增长了 18%，不但来自成熟的工业化国家，也来自发展中国家和新兴的工业化国家。中国连续 18 年成为受到反倾销调查最多的国家，中国企业“走出去”阻力重重。

中国进出口银行根据中国企业“走出去”遇到的各种障碍和风险，制定了中国企业“走出去”风险指向标，环境保护作为其中一环（见表 1）。2007 年，中国进出口银行颁布了《中国进出口银行贷款项目环境与社会评价指导意见》，明确列出了口行发放贷款的环境和社会责任要求，规定“在贷款审查时，除考虑贷款姓名的经济效益外，还要考虑社会效益和环保要求”。中国进出口银行对海外投资项目的审查程序如下：项目必须经过环境社会影响评价，并通过我国和东道国的审批，所执行的评价标准按照东道国标准、中国标准、国际标准依次选取。

表 1 中国进出口银行关于中国企业“走出去”的风险指向标

序号	风险指向标
1	国家安全
2	环境保护
3	宗教与社会信仰
4	工会问题
5	恐怖袭击
6	土著居民问题
7	投资所在国的民主进程
8	战争问题

4 创新中非绿色发展合作

非洲是中国重要的海外市场、投资目的地和能源供应地，非洲的发展也需要中国的经验、技术、资金和人才，中非是命运共同体，共同利益不断增多。中国和非洲的发展离不开对方，离不开平等互利的务实合作。中非环境合作作为中非合作框架下的重要内容，已经到了开启和创新中非绿色发展合作的新阶段，有必要制定中非绿色合作的战略和行动计划，通过关注非洲国家的关切，开展政策对话、合作项目、人员交流、联合研究等，从政府、企业和民间多角度加强中非绿色合作，推动中非环境治理改善和可持续发展进程，同时促进我国环境保护“走出去”战略的实施。

4.1 利用中非合作论坛，推动中非环境政策对话与智库交流

中非合作论坛是增强中非合作的重要机制，中国与非洲应充分利用该平台推动中非环境合作，并借力联合国环境规划署与其他国际三方平台，促进建立环境保护与可持续发展的政策对话。

此外，鉴于目前在中非在环境领域的交流与对话资源有限，建议加强构建合作平台，优先推动中国—非洲环境研究智库的合作与交流，为中非环境高层对话与务实合作提供政策与技术保障。

4.2 启动中国—非洲绿色使者计划，树立南南环境合作典型示范

中国已在2013年南南发展博览会上正式启动了“中国—南南环境合作——绿色使者计划”。该计划旨在通过多种形式的交流与对话，分享发展中国家间环境治理经验，支持发展中国家环境保护能力建设，推动政府决策者对话与交流，加强环保产业及科技合作，鼓励公众参与，提升社会环境意识，构建中国—南南环境合作伙伴关系与联盟。非洲各方已对该绿色使者计划表示出了浓厚兴趣，希望早日看到中方成果。为此，应尽快落实2015年启动计划与具体方案，从政府、企业、民间三个层次统筹推进中国—非洲环境合作，丰富中国—南南环境合作内容。

4.3 推动建立中国—非洲环境技术合作交流中心，搭建中非环境保护技术合作平台

以中国—非洲环境部长级会议为契机，筹备中国—非洲环境技术合作交流中心，专门致力于组织对非环保投资与援助项目实施，推动中非环保产业与技术交流，提升非洲国家的环境管理能力，搭建中非环保产业界的交流与合作平台，为非洲国家环保政策制定和中国企业对非投资提供支持，为非洲国家相关投资项目和中国援非项目提供环保咨询服务。

4.4　推动对外投资环境管理，加强政府与市场引导力度

加紧制定中国对外投资环境管理的法律法规、完善环境标准、建立对外投资环境影响评价与绿色考核管理体系，强化政府对企业可持续“走出去”的引导；并通过建设市场化的对外投资咨询服务平台，提升企业环境社会责任，加强企业对外投资过程中的环境管理，为中国投资“走出去”保驾护航。

（中国—东盟环境保护合作中心　李霞　彭宁）

借力国家“一带一路”战略
建设中国“南南”环境合作共同体
——对中非环境合作部长级对话会的深度思考

新世纪的第一个十年中，可持续发展国际语境日渐形成，发展中国家自身对环境问题重视度不断提升，全球环境合作机制逐步演进，发展中国家参与全球环境治理的诉求日益上升，南南环境合作重要性愈加凸显。中国和其他广大发展中国家面临相似的环境挑战，对全球可持续发展进程持有相近的看法和立场，对于环境合作有着共同的利益。当前，推动中国南南环境合作已成为中国环境保护国际合作工作的重要组成部分，是中国环境保护“走出去”的重要一环。

2013 年 9 月和 10 月，习近平主席分别提出建设“丝绸之路经济带”和 21 世纪“海上丝绸之路”构想。一带一路沿线大部分国家为发展中国家和新兴市场，与南南合作有着紧密的内在联系。在一带一路战略背景下，中国参与南南环境合作进程的前景将更为广阔。

非洲是历史上“海上丝绸之路”的重要一站，新时期中非合作是对海上丝路历史及中非间友谊的延续和发展。2014 年 5 月李克强总理在访非期间表示中国愿与非洲国家共同努力推进包括生态环保合作在内的六大工程，彰显环境合作已成为中国政府推动中非合作、促进南南共赢的重要“拼图”。2014 年 6 月 25 日，首次中非环境合作部长级对话会于联合国环境大会非洲日期间在肯尼亚内罗毕举行。本次会议是中国践行国家一带一路战略的具体举措，是响应并落实习近平主席重申的“中非命运共同体”及李克强总理提出中非关系“平等相待、团结互信、包容发展、创新合作”四项原则的具体行动。中非环境合作部长级对话会秉持上述战略理念与合作框架，将把中非永续发展、生态合作、经验共享的良好关系推向前进，也将为推动中国南南合作向纵深发展、落实一带一路建设中的中国南南环境合作总体战略布局开启崭新篇章。

1　中国南南环境合作的有益实践

中国是南南环境合作的积极倡导者和支持者。长期以来，中国南南环境合作开展了丰富的实践，并取得积极成果。中国一直积极参与全球层面的多边南南环境合作，在国际谈判中与77国集团协调立场，与发展中大国联合发声，与国际组织发展南南环境合作伙伴关系。2012年“里约+20”峰会上，我国时任国家领导人宣布向联合国环境署信托基金赠款600万美元，用于组建信托资金，支持发展中国家的环境保护能力建设，展示了中国积极参与南南环境合作的坚定决心。在区域和双边层次，中国南南环境合作也依托相关区域机制稳步推进。同时，中国还开展了一系列针对发展中国家的环境培训与援助项目。自2005年以来，环保部共开展了35期研修班，培训了来自114个发展中国家800多位高级别环境官员，并获得了广大发展中国家的一致认可，被联合国环境规划署誉为“南南合作的典范”。

为进一步加强发展中国家在环境与发展领域的合作与创新，在2013年第六届全球南南发展博览会期间，中国宣布在中国-东盟绿色使者计划的基础上将启动中国南南环境合作绿色使者计划，加强中国与发展中国家在环境保护领域的能力建设与人员交流，促进发展中国家间分享环境治理的成功经验、加强环境保护能力建设、提升公众的环境认知与环境意识，进一步推动中国与其他南方国家环境合作伙伴关系的建立。

非洲作为中国推动南南环境合作的重要实践区域，在环境与发展合作领域取得了多项积极成果。截至2013年8月，中国与南非、摩洛哥、埃及、安哥拉、肯尼亚签订了双边环境保护协定；在中非合作论坛的推动下，中国主要与非洲国家开展了环境援助与人力资源培训计划，重点在水资源管理与水污染防治、生态环境保护、气候变化等对非洲生态安全具有重要意义的领域开展人员交流与能力建设活动。此外，还通过举办环境保护相关的对话与主题活动、小型示范项目等方式推动中非环境与发展领域的交流合作。

2 中国南南环境合作形势的几点判断

“一带一路战略”为中国与非洲国家在内的广大发展中国家开展环境合作提供了新的平台与契机，这一战略构想的提出形式偏重于合作理念和倡议的落实，使其本身具有独特的开放性与包容性，为中国南南环境合作提供了广阔的战略空间。中非环境合作部长级对话会作为一带一路战略的具体落实行动，也为中国南南环境合作提供了有益的经验借鉴和实践平台。从非洲国家代表到联合国环境署，从西方国家政府到国际非政府组织，各方均高度关注此次对话活动，普遍认为中非在南南、南北南环境合作框架下开展环境合作对推进全球南南环境合作进程意义重大。而对中国南南环境合作形势做出中肯的判断，将有助于我们更好的推动中国南南环境合作事业的有序发展。

第一，从国际环境合作的现实情况看，南北矛盾仍然是全球环境合作的主要矛盾之一，在是否坚持共同但有区别的原则这一问题上，以中国和非洲国家为代表的广大发展中国家具有诸多的共同利益，无论是在生物多样行保护、气候变化等全球议题上，还是在环境治理经验分享、环境友好型技术转让等区域与双边合作领域，南南合作均拥有广泛的合作空间、存在坚实的合作基础。

第二，从南南环境合作的实际效果看，南南环境合作有助于发展中国家彼此分享环境与发展领域的相关经验，是发展中国家解决自身环境问题的有效途径，有力地促进了南方国家自身及全球可持续发展进程，这为中国南南环境合作提供了实际需求与现实土壤。以中非环境合作为例，中非双方在环境与发展领域关切相近，在城市与农村环境治理、生态环境保护等领域面临相似的的环境挑战，在环境政策对话、能力建设、技术交流等领域合作具有良好的合作前景。

第三，从我国参与国际环境合作的长远谋划看，积极参与南南环境合作并争取主动权符合我国国家政治与经济利益，是实现中国环境保护“走出去”的重要战略抓手，有利于结合国家战略识别优先区域与重点国家，更好地发挥国际环保合作工作对国家政治外交总体布局的支撑作用。非洲的自然资源开发与环境保护问题是国际社会各方关注的重点，也是此次非洲国家在中非环境合作部长级会议上的重要讨论热点之一。“中国环境威胁论”、“中国资源新霸权论”一直伴随着中国“走出去”的战略步伐，中国投资非洲自然资源与基础设施的环境影响不仅引发西方社会的关注，更成为非洲国家的关切。通过推动环境保护“走出去”与南南环境合作平台构建的有机结合，将有助于维护我国在发展中国家的国际与区域战略利益，为“走出去”保驾护航。

第四，从推动南南环境合作的形式看，中非环境合作部长级对话会借力联合国平台，形成多方参与的高层对话模式，有利于我国扩大南南环境合作的国际影响。中非环境合作部长级对话会议层次高、规模大，在首届联合国环境大会期间召开使其更具开创性的历史意义，切实增进了中国、非洲国家以及联合国环境规划署在保护环境和实现可持续发展方面的合作。而这种借力第三方平台的合作模式，利用合作与多赢的思路，将有助于我们进一步寻求南南环境合作的新动力，促进国际社会对中国环境保护国际合作的更好解读与相互理解。

3 中国南南环境合作的战略思考

中非环境合作部长级会议是中国推动南南环境合作的新起点，为我们进一步开拓国际合作舞台提供了新思维和动力。未来，中国参与南南环境合作应坚持以服务国家重点战略为出发点，为实现国家政治外交总体布局提供配套支撑；以发展中国家在环境与发展领域的需求为导向，开拓中国南南环境合作“市场”；以提升合作影响力为目标，集中优势资源推出旗舰型项目，推动中国与广大发展中国家的务实合作，在一带一路战略下构建多领域、多层次、多渠道、多主体的中国南南环境合作格局。

3.1 丰富中国南南环境合作的内容，构建“多领域”的合作体系

由于发展中国家所面临环境挑战的复杂性及各国合作关注点的差异性，可开展南南环境合作的领域广泛多样。目前，中国已在环境政策、环保产业与技术合作等领域开展了中非、中国－东盟等重点区域南南环境合作的有益实践，未来可重点结合“生态文明”理念、中国环境保护“走出去”总体布局及一带一路战略下其他广泛的合作领域，进一步寻求中国与一带一路沿线国家与区域开展环境合作的切入点，传播中国的生态文明与可持续发展价值理念，提升中国参与南南环境合作的深度，构建“多领域”的中国南南环境合作体系。

3.2 在全球、区域、国别层面逐步推进，打造“多层次”的合作格局

中国南南环境合作旨在打造立体的合作格局：在全球层面，联合广大发展中国家积极参与全球环境治理，就国际环境谈判积极协调立场；在区域层面，重点与一带一路沿线覆盖及辐射的东南亚、非洲、中西亚等有关国家或区域组织谋求开展环境合作；在国别层次，通过签署环保协议、开展具体项目，与发展中国家建立长期的双边合作机制；扩展与联合国环境规划署、联合国开发计划署、世界银行、亚洲开发银行等多边国际组织及国际非政府组织的合作。

3.3 拓展中国南南环境合作的可行路径，发展“多渠道”的合作架构

拓展中国南南环境合作的可行路径，一是要充分利用国际环境外交舞台以及国际南南合作资源与平台，提升中国南南环境合作的显示度。二是要积极开发南南环境合作项目与平台，推动建立中国主导的南南环境合作资源网络，发展“多渠道”的南南环境合作架构。具体可利用中国环境与发展国际合作委员会这一高层机构，加强政策对话与合作交流；依托中国南南环境合作绿色使者计划，整合合作资源，打造中国南南环境合作复合型平台；加强机构建设，在中国-东盟环境保护合作中心、中国－上海合作组织环境保护合作中心的基础上，进一步打造南南区域环境合作机构。

3.4 促进政府、企业、研究机构、公民社会的积极参与，形成“多主体”的合作网络

中国南南环境合作旨在建立起一个多元开放的合作网络，促进政府、企业、研究机构、公民社会等多主体的积极参与，包括：推动政府间的环境政策对话，分享发展中国家环境治理的成功经验；加强环保产业界与环境技术专家的人员交流与互访，促进南南环保产业与技术示范项目合作；推动环境智库开展联合研究，带动南南环境合作国际智力网络的形成；鼓励公众参与及环保社团的交流，提高公众环境意识。

（中国—东环境保护合作中心　周国梅　李霞）

1 推动中非环境合作发展的背景

1.1 非洲总体发展形势

21 世纪以来，非洲经济持续快速增长。在过去的 10 年间，非洲很多国家的经济年增长率都超过了 5%。2000 年至 2010 年，全球十大增速最快的经济体中，有 6 个在非洲。根据国际货币基金组织的预测，未来五年中全球十大增速最快的经济体将有 7 个属于非洲，很多国家将在实现千年发展目标方面取得长足进步。在“后金融危机”时代，随着全球经济趋向复苏，非洲经济增长的外部环境将得到优化和维持。各项经济指标显示，非洲有充足潜力在 2020 年前成为下一个新兴市场。非洲各国领袖与非洲联盟也都雄心勃勃，希望将非洲建设成为未来世界的增长极。来自非洲内部和外部的核心驱动力正在从根本上改变着非洲的发展蓝图。

1.1.1 影响非洲发展的内部驱动力

影响非洲发展的内部驱动力主要包括：人口趋势、中产阶级、政治治理和经济管理情况得到改善等方面。

（1）人口趋势

非洲人口年轻化、增长快，有就业需求的人口数量快速增长，非洲人口的红利期正在到来。2010 年非洲人口达到 10.3 亿，目前非洲人口以年均 2.3%的速度增长。非洲人口结构年轻，并且将继续向年轻化发展。如果年轻人口接受教育并拥有一定技能，有能力就业，就能够形成人口红利，并带来经济发展提速。如果年轻人无业、不满，则会破坏社会凝聚力，影响社会稳定。

城市化进程也与人口增长密切相关。目前，非洲大陆正在从以农村地区为主的大陆快速转向以城市为主的大陆，非洲正在进入城市化加速期，2010 年非洲有

4亿多人生活在城市地区。根据联合国预测，到2050年，城市人口数量将达到12.3亿，占非洲人口总量的60%。同时，非洲人口超过100万的城市数量将在未来10年内增加至 60 个。城市化的提速将带来对基础设施的大量投资和消费市场的扩大，从而推进产业结构的升级，催生新的经济增长点。在未来10年内，可持续增长、能源与粮食安全、基础设施建设、私营部门发展都将成为政策选择的重要内容。

（2）中产阶级

随着非洲经济的发展，新兴中产阶级的队伍不断壮大。新兴中产阶级是实现经济可持续发展的保障，能够帮助非洲国家的民主制度继续成熟，并有利于稳定社会，创造新的市场机遇。但是处于中产阶级下端的群体仍然比较脆弱，如受到冲击可能失去已经获得的财富。

（3）政治治理与经济管理情况得到改善

加强治理已经成为非洲国家的广泛共识，大多数非洲国家都致力于发展经济，实施更好的宏观经济管理政策。各国政府、区域和地区机构为了解决冲突、强化机构责任、加强法制而采取的各类行动，对各区域的经济与政治稳定起到了积极促进作用。许多非洲国家正在实施改革措施，改善投资环境。

1.1.2 影响非洲发展的外部驱动力

影响非洲发展的外部驱动力主要包括：气候脆弱性增加，新的发展融资模式，贸易和投资模式变化，对非洲自然资源的需求不断增加，新技术创造经济机会、推动责任感提升。

（1）气候脆弱性增加

全球气候变化将会制约经济与社会基础设施建设，限制土地生产力，影响水与粮食安全。即便是温度的细微上升也会造成农业生产地带的重大变化，导致人口从干旱地区向沿海地区大量迁移。

（2）新的发展融资模式

非洲的发展融资将越来越呈现出以下特点，即捐资方及援助资金减少，传统捐资方的重要性降低，新的合作伙伴出现。多边资金的作用将减弱，私人投资将取代援助，更加依赖以市场为基础的融资。越来越多的非洲国家将使用国内税收和采掘行业特许权使用费来推动发展。

（3）贸易和投资模式变化

非洲在进出口贸易与资本流出入方面发生的重大变化将会导致规则的变化。中国、印度和巴西等新兴经济体将会在非洲发挥更加重要的作用，其重要性在未来将日益上升。这也为非洲提供了机会，使非洲能够在劳动力密集型制造业中占据更大的份额。

（4）对非洲自然资源的需求不断增加

非洲丰富的土地、水、森林、矿物等自然资源在全球贸易中愈加珍贵，日益吸引着投资者的注意。全球对能源、矿物和农业产品的需求持续强劲，为非洲提供了发展的新机遇，也给政策与资源管理带来了重大挑战。其中，利用税收和特许权使用费建立国内自然资源价值链，开展透明、平等的资源流动管理是主要挑战。

（5）新技术创造经济机会、推动责任感提升

通信技术输入增强了非洲大陆内部以及非洲与世界之间的联系，创造了经济增长的新机遇。新宽带基础设施的推出、手机银行及其他无线产品的使用都是新技术发展的案例。联系增加也提高了公众的意识，推动了公众对透明性与责任感的需求。

1.1.3 非洲发展的瓶颈①

尽管各种预测和展望都对非洲的发展前景持乐观态度，非洲在实际发展过程中仍然面临着诸多困难。

（1）基础设施仍是非洲发展的瓶颈

基础设施对于非洲农业发展、工业化、私营部门发展、人民获取社会服务发挥着重要作用。然而，目前非洲的基础设施薄弱，已经成为实现增长的一个重要障碍。非洲开发银行曾开展过一项研究，在对非洲 24 个国家进行了基础设施国别诊断后发现，要缩小非洲在基础设施方面的差距，预计未来 10 年内每年需要 930 亿～940 亿美元的投资，其中大约 40%将投入电力部门。研究还发现，非洲的基础设施为全球最弱，某些国家的人口需要支付相当于其他地区两倍的价格以获取同样的基础设施服务。因此，建设运行良好的基础设施对于非洲的经济表现必不可少，减少低效行为和浪费则可大幅度改善非洲人民的生活。

① 更多详细论述参见李安山：《世界现代化历程：非洲卷》，江苏人民出版社，2013 年 3 月。

（2）贸易整合度低制约非洲国家发展

区域一体化是促进增长的重要驱动力，通过加强国家之间的互联互通、促进区域内部贸易可以有效推动非洲经济发展。目前，除了资源富集的非洲国家外，在其他非洲国家开展商业活动的成本非常高。在其他发展中国家，交通运输费用约占出口商品成本的17%，而在非洲则占30%～50%，甚至达到75%。整体来看，非洲地区间贸易在全球各大陆中的整合度最低。据统计，非洲联盟国家间的贸易额仅占非洲国家贸易额的 12%，而其他大陆的地区间贸易额往往占到贸易额的40%以上。非洲需要加强区域内部贸易，尤其是加强地区间的贸易，以推动区域内部的就业、商品流通和制造业发展，更好地加强各国（区域）优势互补，减少对外国援助的依赖。

（3）资金外流

资金外流也是导致非洲国家落后的重要因素。研究表明，一些外国公司通过各种非法的经济和金融手段操作，造成了资金外流。1970 年至 2011 年，约有 7 350 亿美元以非法方式流出非洲。非洲政府借贷中超过一半的资金同一年外流，其中相当一部分又以私人账户的形式存在于提供贷款的同一银行。非法资金外流造成非洲国家内部经济风险增加，不仅对投资不利，还造成了贫困和不平等，并导致社会不稳定。

（4）其他严重问题

①粮食安全

非洲人口激增、城市化加剧等都导致对粮食安全的威胁。2007 年非洲的每日食物摄入量比 1998 年增加了 7%，人口持续增长还会将这一增量继续推高。

②贫困问题

尽管从 2000—2005 年，非洲每日生活费不足 1 美元的人口所占比例从 47%下降到了 43%，每日生活费不足 2 美元的人口比例从 1990 年的 68.7%下降到了2010 年的 60.8%，然而贫困人口的基数仍旧巨大，贫困仍然是非洲需要解决的重大问题。

③贪污腐败

腐败问题已成为非洲的一大难题。由外国投资和国家利益驱动的腐败仍在威胁着当地社会、经济和环境治理。贪污和腐败的社会病对非洲国家管理和民心向背产生了极其负面的效应。

④政局动荡

由于错综复杂的政治和社会矛盾导致争权夺利，加之西方在非洲推行的“多党制民主道路”不适合非洲，反而使非洲地区原有的一些政治、经济、部族和宗教矛盾激化，一些非洲国家和地区的局势表现出特别脆弱性，如马里北部、刚果（金）东部、索马里、几内亚比绍、苏丹与南苏丹、几内亚湾地区、西撒哈拉等。

⑤致死疾病与环境健康

目前，艾滋病是非洲的第一大致死根源，结核病居第二位，疟疾居第三位。撒哈拉以南的地区是全球艾滋病的重灾区，艾滋病患者和病毒携带者达到 2 600 万人。

非洲人口还面临着环境健康问题。根据世界卫生组织估算，影响非洲城市人口的环境风险因素主要有：饮用水环境恶劣、室外空气污染、固体燃料、铅和气候变化引发的室内污染等。资料显示，非洲城市人口的环境健康风险比西欧城市人口的高 75 倍。

⑥对环境问题的忽视

大部分非洲政府和普通大众都没有充分认识到保护自然环境的重要性。对经济发展的巨大渴求使环境保护没有被放在优先位置，人们甚至还没有意识到环境退化是一个问题。由于人们对需要保护的野生动植物与环境了解有限，武装冲突、贫困、不可持续性经济发展、整个大陆人口的快速迁移、塑料等非降解性物质的消费日益增加等因素结合在一起，严重地破坏了非洲的环境，造成了空气、土地、淡水、海洋的严重污染，以及生物多样性不可弥补的丧失。

1.2 非洲环境概况

非洲作为经济上的欠发展地区，却拥有丰富的自然资源和大量原生态的自然环境。非洲拥有世界 23%的土地，其中不足 1/4 是可耕地，只有 2.8%已经被灌溉；水资源方面的潜力更加巨大，4 500km^3 的年可再生水资源目前被利用的比例只有 1%；黄金、钻石、白金和很多放射性金属的储量在世界都名列前茅，几内亚湾的石油、刚果金的铜矿品质更是远远高出世界其他地区的同类矿产资源。从生态环境和生物多样性的角度而言，全球 241 个生物多样性丰富区域，有 32 个分布在非洲。

然而按照世界银行衡量可持续发展的最新标准，过去 20 年内非洲的资源优势正在面临失去之虞。非洲每年失去约 130 万 hm^2 的森林。自 1950 年以来，约 500 万 hm^2 的土地受到土壤退化的影响。短短几十年，非洲的人口已经迅速增加到 10 亿之众，人口增加引起对更高农业产量的要求，农民对限制资源性质的可持续发展举措持有怀疑态度。与此同时，气候变化带来的极端天气增加，使脆弱的非洲经济更加不稳定。沙漠化、全球气候变化、干旱、土地退化等环境问题一直阻碍着非洲的发展，并且在有些地区形成了“贫穷的恶性循环”。有数据显示，几乎所有的撒哈拉非洲农业单产都呈现出下降的趋势。①

环境对经济发展的重要作用在非洲体现得尤为明显。环境对于非洲国家和人民而言，不仅仅是一种物质的环境、一个客观的物理或地理条件，而是与生存休戚相关——既是经济生活与安身立命的物质基础，也是承载文化和精神信仰的多元场域。非洲人甚至将争取环境正义的活动理解为一场新的“解放运动”。②然而目前非洲的可持续发展之路正在面临两难境地：一方面是非洲大陆整体增长的兴旺前景，另一方面由不平等所导致的绝对贫困却有增无减。

1.2.1 非洲环境问题综述

联合国环境规划署发布的《全球环境展望第五版》经过评估提出，非洲位居世界第一的人口增长率给自然资源施加的压力将会并且已经造成了资源紧张与资源退化。报告针对非洲共提出了如下五个需要优先解决的重大环境问题。

（1）气候变化与大气污染

气候变化会给生态系统造成极大压力，极有可能加剧非洲城市与乡村地区脆弱人群所承受的压力。从 20 世纪 80 年代到 21 世纪初，非洲旱灾的数量上升了 38%。到 2020 年，0.75 亿～2.5 亿的非洲人口将生活在用水紧张的地区，可能造成更多的水资源冲突。同样，非洲遭受洪涝灾害的风险与 1980 年相比也翻了一番，而且预计海平面上升将会给非洲沿海地区所居住的大量人口带来极大的风险。气候变化带来的更加密集的降水已经造成了径流量与洪水流量增加，威胁着粮食安全与人类定居点的安全。

与发达国家相比非洲的大气污染程度较低。但随着人口增长、城市化以及工业生产的加剧，非洲的大气污染正在加剧。非洲主要的空气污染物包括：二氧化

① Kwesi Kwaa Prah, *Catch as Catch Can: Obstacles to Sustainable Development in Africa*, p 364.

② Mohamed Salih, *Environment politics and liberation in contemporary Africa*, Springer, 2000, Introduction.

硫、一氧化碳、煤烟灰、灰尘、铅和颗粒物。其中，颗粒物是对人类健康产生最重大影响的空气污染物，也是非洲最关注的污染物。在贫困的乡村地区，由于人们很少能使用清洁的炉灶与燃料，大气中的颗粒物污染尤为严重。

专栏 1-1　气候变化对非洲的影响①

在德班气候大会上，南非总统祖马指出，气候变化对人类生存尤其是发展中国家造成严重影响，不仅仅是环境风险，更是“生与死”的问题。事实确实如此，非洲国家的温室气体排放量只占全球排放总量的 4%，撒哈拉以南非洲的排放量占比更少，约为 2.3%，仅相当于美国得克萨斯州的排放量；而其中，南非与尼日利亚的排放量就占到非洲排放总量的 80%以上，其他大多数非洲国家的排放量几乎可以忽略不计。但是，尽管非洲碳排放量最少，受气候变化的影响却最为致命。英国风险评估公司 Maplecroft 公布的气候变化脆弱指数（Change Vulnerability Index）报告显示，干旱、风暴等极端天气事件一直在增加，1/3 的人类面临着气候变化的巨大威胁，北欧富有国家受到的影响最小，孟加拉国、印度、刚果民主共和国等 30 个国家受到气候变化威胁的级别为“最高”。这 30 个国家全部是发展中国家，2/3 是非洲国家。其中又以非洲国家最容易受到干旱、洪水以及野火袭击。

近年来，非洲地区因全球变暖而遭受极端天气现象越来越频繁、越来越严重。2011 年发生 60 年来罕见的旱灾肆虐非洲之角，引发大规模饥荒，超过 1 300 万人受到饥饿威胁。索马里、肯尼亚、吉布提、埃塞俄比亚等国家上千万人口受到严重影响，数十万人挣扎在死亡线上，有近千万人需要紧急救助，而其中包括了超过 200 万 5 岁以下儿童。有研究数据表明，由于全球气温上升，1980—2008 年全球玉米和小麦产量分别下降 3.8%和 5.5%。以目前的气温增长速度计算，到 2050 年年末，全球气温将上升 1.5℃。届时非洲的农业将受到严重影响，玉米总产量将下降 22%，花生总产量下降 18%，高粱总产量下降 17%，粟总产量下降 17%，木薯总产量下降 8%。

联合国政府间气候变化专门委员会主席拉金德拉·帕乔里指出，到 2020 年，将有 750 万～2 500 万非洲人因气候变化而缺乏饮用水，部分国家粮食产量将下降 50%。FAO 助理总干事穆勒指出，农业是许多撒哈拉以南非洲国家的经济基础，这一地区大半的人口在从事农业劳作，农业产出占国内生产总值的 30%。如果不采取措施，到 2050 年，气候变化将造成农作物产量大幅下降，6.5 亿以雨养农业为生的人口将在缺水和环境退化面前变得脆弱不堪。

① 参见张永宏：“非洲新能源发展的动力及制约因素”，《西亚非洲》，2013 年第 5 期；
梁益坚、王涛、杨广生：“中非新能源合作的前景、挑战及对策”，《国际经济合作》，2013 年第 2 期。

此外，科学家针对世界主要江河流域开展的一项研究还发现，非洲的一些河流系统，如非洲南部的林波波河、北非的尼罗河和西非的沃尔特河，未来降水量将少于当前水平，粮食生产将受到冲击。林波波河流经博茨瓦纳、南非、莫桑比克和津巴布韦，养育着1 400万人口。国际热带农业中心的专家认为，在林波波河流域的部分地区，即使大范围采用滴灌等创新技术，仍不足以克服气候变化对水资源供应的负面影响。更令人担忧的是，如果全球气温上升2～5℃，将导致流经埃塞俄比亚和苏丹然后注入埃及的青尼罗河上游河水的蒸发量增加。全球性农业科研机构“水和粮食挑战计划”的科学家认为，蒸发会减少青尼罗河上游流域的水平衡，可能使开罗和亚的斯亚贝巴再次陷入紧张态势。苏丹日益萎缩的牧场、索马里遭遇的严重干旱，已经引起了不同部族之间的冲突，使当地本来就不稳定的局势更加恶化，大量人口流离失所，逃往肯尼亚的难民数量不断增长。未来非洲因环境问题导致的区域冲突很可能进一步加剧。

（2）土地荒漠化

由于人口增长、城市化及饮食习惯变化，全球对粮食、牲畜饲料与生物质燃料的需求正呈现上升态势，造成了农业用地的扩张。1999—2008年，非洲作为农业用途的土地数量增长了30.7%，作为牧场的土地数量增加了8.5%。

农业用地扩张也相应地增加了灌溉等农业技术的使用，虽然灌溉提高了产量，但也引起土壤盐渍化，这一问题在非洲较为严重。1990年，土地退化已影响了非洲大陆上500万km^2的土地。1993年，65%的农业用地发生退化，包括320万km^2（25%）的非洲脆弱旱地（干旱、半干旱和半湿润缺水地区）。目前，土壤侵蚀在非洲非常普遍，导致生产率降低。由于人口压力、土地所有权不公和土地利用规划不完善，许多非洲农民不得不在一块土地上连续耕种。

在非洲，大约64.7万km^2的土地或总土地面积的2.7%受到盐碱化影响，占全世界盐碱化土地面积的26%以上。非洲旱地在该地区分布不均，甚至在通常是湿热区的中非和东非也发现了部分旱地。在非洲，旱地占该地区总面积的43%。沙漠化也成为非洲土地面临的主要问题。

（3）水资源与水环境保护

①水资源紧缺

水资源紧缺是非洲面临的一项巨大挑战。2005年非洲的摩洛哥、阿尔及利亚、突尼斯、利比亚、埃及、索马里、埃塞俄比亚、肯尼亚、卢旺达、布隆迪、马拉维、南非以及科摩罗13个国家面临水资源紧缺（年人均水资源量少于1 000 m^3）；尼日尔、尼日利亚、布基纳法索、加纳、多哥、厄立特里亚、吉布提、乌干达、坦桑尼亚、莫桑比克、津巴布韦、莱索托、毛里求斯、斯威士兰等14个国家面临水资源压力（年人均水资源量在1 000～1 700 m^3）。

②水环境污染

非洲大部分居民住在乡村，对农业灌溉依赖程度较高，而农业在所有用水部门当中是耗水最多以及污染较为严重的行业。在非洲，大坝和水力发电站是威胁流域生态系统的主要原因。农药和化肥在农田中的使用所导致的非点源污染，造成了河流的污染和富营养化。而生物能焚烧所导致的大气沉降，对地表水生态系统也造成了一定的影响，例如蓝绿藻的形成。同时，物种入侵也威胁着淡水资源系统。

③饮用水安全

非洲在为其居民提供充足的淡水资源方面面临着巨大的挑战。人口增长对淡水资源有了更多要求，但是由于旱灾频发，淡水资源日渐减少。尽管从1990—2008年，无法获得改善的卫生设施使非洲人口的比重从65%下降到不足60%，无法获得改善的饮用水使人口比重从46%下降到35%。但目前，撒哈拉沙漠以南地区的城市人口正在快速增长。这导致了对饮用水需求的增加。在非洲约有3 500万人民喝不到经过处理的水。问题较为严重的国家包括：莫桑比克、安哥拉、南非、赞比亚和马拉维。未经处理过的水威胁人类健康，导致一系列的疾病发生，包括：腹泻、肠道寄生虫和沙眼。其结果是水源疾病的患病率相当高。非洲儿童因腹泻相关疾病死亡的人数众多，2008年死亡的1 300万不满五岁的儿童中，70%死于与腹泻有关的疾病。

④海洋及海岸带环境

沿海城市扩张带来了更多的家庭污水排放，工业排放，雨水径流，农业和矿业渗漏，被污染的地下水渗流，工业与机动车废气，这些污染物都进入了海洋环境。加纳的阿克拉、喀麦隆的杜阿拉、尼日利亚的拉各斯与哈科特港、安哥拉的罗安达等沿海城市都受到了工业污染物造成的不利影响。海洋航运造成的原油泄漏与排放是管理与调控面临的主要挑战，对于利比亚和尼日利亚这样的原油生产国来说尤其如此，因为这些问题在原油生产国家更加严峻。近海勘探，特别是近海勘探原油，加重了海洋倾倒、无意或有意漏油、引擎泄漏、噪声等造成的污染。

⑤森林和生物多样性

在非洲，由于木材被大量用作燃料，农作物种植面积的扩大，非法砍伐树木，以及城市化和工业化的增加导致森林面积迅速减少。非洲的森林面积损失速度与南美洲接近，毁林率仅次于拉丁美洲和加勒比海地区。目前，在非洲每年有大约400 万 hm^2 的森林被砍伐或烧掉，大致相当于两个卢旺达的面积。对森林的破坏不仅意味着生物多样性的减少、民众收入的下降，同时，非洲森林的减少已使其碳汇量减少了 25%～35%。由于很多缺乏限制并不为人知的集体采伐与烧林很难准确估算，真实数字很可能更加触目惊心。

由于生境损失，过度收割，以及各种非法活动导致非洲的生物多样性资源正在快速损失。虽然与世界其他地区相比，非洲的生物多样性仍然保存较为完好。但是也应看到有接近一半的非洲陆地生态系统由于耕作和城市化失去了超过 50%的面积。非洲有超过 200 万 km^2 的保护区。东部和南部非洲的热带草原地区保护相对较好。而未得到有效保护的地区有北部非洲，马达加斯加岛，南部非洲的干旱地区，以及西部和东部非洲采伐森林严重的地区。

专栏 1-2 环境问题挑战千年发展目标的实现——肯尼亚案例①

千年发展目标（MDGs）的实现有赖于健康的生态系统，这也是其他目标实现的基础。但在肯尼亚，目前其国内主要“水塔”阿布戴尔山（Aberdare Mountain）的环境正面临退化，山区生态系统的破坏程度已经严重威胁到肯尼亚千年发展目标的实现。由于几十年间的非法采伐、外来植物入侵、过度耕种，以及其他形式的人类侵吞，阿布戴尔山脉的生态系统遭到了巨大破坏，影响着上千万肯尼亚人的生计，且已对肯尼亚的农业、畜牧业、旅游业、能源以及家庭用水造成了直接影响。伴随着国家工业发展和乡村用电需求的增长，肯尼亚已开始面临能源短缺。目前每年 7%的用电量需求增量迫使肯尼亚不得不花掉珍贵的外汇从乌干达购买电力，从而影响了政府在艾滋病、疟疾等其他社会方面的投入。然而，郊区和乡村的人口受限于高昂的能源价格，通常选择木柴燃料作为能源来源，进一步加剧了当地的森林衰退。

山区生态恶化给肯尼亚带来的负面环境影响主要包括如下方面：

- 由于气候变化、山区森林的破坏和冰川的逐渐消失，河流径流正逐渐减少，并造成了河流泥沙带来的块状矿床的流失。这进一步导致了河流大坝寿命的缩短，肯尼亚的水电发展因此受损。

---

① Wangari Maathai, *The Challenge for Africa*, London: Arrow Books, 2010, pp.239-259.

- 肯尼亚像其他多数非洲国家一样，农业灌溉主要靠天然降水。随着山区森林面积减少，导致降水方式受到影响，进而降低了经济和粮食作物的产量。对最贫穷的小农而言，缺乏足够有营养的食物日趋常态，千年发展目标中降低儿童因为营养不良引发疾病和死亡率的任务变得更难完成。
- 森林的减少也意味着没有足够的植被固定土壤，表层土壤流失和侵蚀现象严重，洪涝灾害频发。2005 年，将近 1/10 的肯尼亚人口依赖政府的粮食救助。自然灾害不仅破坏农田和粮食作物，也经常使人们流离失所。同时灾害往往中断正常的学龄教育，使政府基础教育任务难以完成。
- 保护森林也与性别平等密切相关。森林的消失导致女性被迫走更远的路程去拾柴取暖烧饭和取水，女孩们更容易失学，难有机会完成小学教育并获得更多教育。
- 很多肯尼亚国家公园内的野生动植物也都得益于山区降水的哺育。如果山区生态环境继续恶化，热带稀树草原也将难也为继。肯尼亚经济主要支柱之一、提供大量就业机会的旅游业更将成为过往，贫困将因而进一步加剧。

1.2.2 非洲次区域环境概况

联合国环境规划署发布的《非洲环境展望》报告将非洲划分为北非、中部非洲、东非、西非、南部非洲、西印度洋群岛 6 个次区域。从整体来看，非洲需要重点解决气候变化、土地退化、水资源紧缺与水污染、海洋污染、生物多样性丧失等五大环境问题。从分区角度看，不同的次区域，面临的主要环境问题不尽相同。非洲次区域环境概况详见表 1-1。

表 1-1 非洲次区域环境概况

分区	区内国家	区域组织	区内主要环境问题
北非（7 国）	阿尔及利亚、埃及、利比亚、摩洛哥、苏丹、南苏丹、突尼斯	暂无	● 大气污染严重，温室气体排放不断增加； ● 水资源紧缺，区内国家之间存在水资源分配引发的争端（埃及和苏丹）； ● 水环境污染比较严重，存在饮用水安全问题； ● 土地荒漠化和盐渍化严重； ● 森林面积大幅减少，生物多样性受到影响； ● 海岸带附近的土地利用变化和人类活动导致海洋和海岸带生境损失和生态系统的改变

分区	区内国家	区域组织	区内主要环境问题
中部非洲（8 国）	喀麦隆、中非共和国、乍得、刚果共和国[“刚果（布）”]、刚果民主共和国[“刚果（金）”]、赤道几内亚、加蓬、圣多美和普林西比	中部非洲经济与货币共同体	● 土地退化比较严重，已对农业造成影响； ● 水资源较充足，但污染问题日趋严重； ● 森林资源非常丰富，位居各区前列，过度砍伐，使用灌丛火，农业扩展和过度放牧等造成面积不断减少； ● 海洋污染与海岸侵蚀问题十分严重
东非（8 国）	布隆迪、吉布提、厄立特里亚、埃塞俄比亚、肯尼亚、索马里、卢旺达、乌干达	东非共同体	● 气候变化日益明显，影响增大； ● 城市空气污染严重，但并未受到重视； ● 土地退化非常严重； ● 水资源供给不足，制约农业生产； ● 森林面积消失速度较快，当地最为重要的生物多样性资源受到影响
西非（16 国）	贝宁、布基纳法索、佛得角、科特迪瓦、冈比亚、加纳、几内亚、几内亚比绍、利比里亚、马里、毛里塔尼亚、尼日尔、尼日利亚、塞内加尔、塞拉利昂、多哥	西非国家经济共同体	● 气候变化影响很大，尤其对区域内国家的农业生产造成了影响； ● 城市内空气污染比较严重； ● 水资源紧缺，区内国家之间水资源分配不均； ● 饮用水安全没有完全得到保障； ● 因土地过度使用，土地荒漠化严重； ● 森林面积减少（只有佛得角、科特迪瓦、冈比亚三国通过各种措施恢复了森林面积）； ● 城镇化、污染、海水侵蚀、渔业资源过度捕捞、油气资源开发等引起海岸生境和生物多样性的退化
南部非洲（11 国）	安哥拉、博茨瓦纳、莱索托、马拉维、莫桑比克、纳米比亚、南非、斯威士兰、坦桑尼亚、赞比亚、津巴布韦	南部非洲发展共同体（前身为“南部非洲发展协调会议”）	● 气候变化影响较大； ● 水资源缺乏，农业灌溉回水、城镇污水和工业、采矿业污水、区域卫生污水数量不断增加； ● 土地荒漠化成为最重大环境挑战； ● 生物多样性是最重要资源，大部分受到良好保护，小部分管理不善； ● 陆源污染比较严重
西印度洋群岛（4 国）	科摩罗、马达加斯加、毛里求斯、塞舌尔、留尼汪（法属）	暂无	● 西印度洋群岛国家多属于岛国，气象灾害和气候变化是其首要应对的环境问题； ● 森林资源有限，森林面积不断减少； ● 生物多样性丰富而独特，对于全球生物多样性具有特殊的意义，正在受到污染和外来入侵物种的威胁

资料来源：李霞，等：《中国一非洲环境合作研究》，中国环境出版社，2013 年。

1.2.3 非洲选择可持续发展模式的内在动因

2008 年非洲国家消耗全球资源的 7%左右，远低于其所占的全球人口（17%左右）的比例。因此，理论上，如果模式选择合适，非洲可以在对全球生态平衡不产生影响或产生较小影响的前提下完成自己的发展目标。对非洲国家的决策者来说，仔细思考和选择自己国家的发展模式是当前面临的重大挑战。有许多充分的理由足以促使非洲国家做出采用可持续发展模式的理性选择。

第一，传统的经济增长模式有着“路径依赖”的特点。这种发展模式一旦建立，随着人口的增加，生活水平不断提高和结构转型，现有的自然环境问题在未来可能加速恶化。如果非洲选择了不可持续的发展模式，尽管目前非洲总体上人均物质消费水平较低，但未来原材料和能源使用的猛烈增加将给环境带来巨大的压力。就绝对值而言，国内物质消费将从 2010 年的 4.8 万亿 t 增加到 2020 年的 10 万亿 t，2050 年更将达到 72 万亿 t。

第二，从经济角度上看，推迟实施可持续发展模式很可能得不偿失。这是因为基础设施和技术的选择有一个“锁定”效应，由于这些资本投资周期一般较长，一些国家将被困在特定的发展路径中而难以做出改变。如果非洲国家被传统发展模式锁定，未来污染治理成本乃至生产模式转型成本会变得更高。目前环境的恶化已经影响了非洲国家调整后的净储蓄（ANS）①，在撒哈拉以南非洲地区的 ANS 率自 2004 年以来一直处于负增长状态。然而，由于大多数非洲国家的基础设施还处于建设阶段，非洲大陆今天仍然有机会选择清洁和更有效率的发展方式。

第三，可持续发展有助于创造一个良性的发展圈。可持续发展概念意味着用更少的资源、最小的污染代价来完成更多的生产，有利于扩大生产多元化以及生产要素最有效使用，提高生产的盈利。

1.3 中非环境合作的战略意义

非洲国家是中国的重要外交伙伴，巩固和加强同非洲的友好合作关系是中国独立自主和平外交政策的重要组成部分，对我国参与国际政治、经济以及可持续

① 净储蓄=国民储蓄毛额+教育（人力资本）的支出–成本、资源枯竭和污染造成的损害。

发展进程都具有重要战略意义。中非关系已经日益紧密地融入中国外交战略和国家发展战略之中，成为其中不可或缺的重要一环，中非关系的顺利发展对于维护我国利益有着至关重要的作用。

2013 年 3 月 24 日至 30 日，中国国家主席习近平访问非洲，向非洲国家领导人表达了中国对待非洲老朋友讲求的“真”、“实”、“亲”、“诚”原则，重申了“中非从来都是命运共同体”，强调了中国与非洲“永远做可靠朋友和真诚伙伴”的决心，指出了中非关系发展“没有完成时，只有进行时”。这不仅标志着中非关系发展的新起点，也为推动中非合作向纵深发展、开启中非合作新阶段奠定了重要基础。

2014 年 5 月 4 日至 11 日，中国国务院总理李克强访问非洲，不仅强调了“中非关系是休戚与共的关系，是共同发展的关系，是文明互鉴的关系”，更提出了“平等相待、团结互信、包容发展、创新合作”四项原则，并通过“产业合作、金融合作、减贫合作、生态环保合作、人文交流合作、和平安全合作”六大工程以及中非合作论坛这一平台，切实推动“真”、“实”、“亲”、“诚”原则落地，力争将中非合作打造成为优势互补、务实高效的典范，得到了非洲国家的积极响应。这些都为中非开展不断深化环境国际合作创造了良好的条件。

环境问题是非洲未来发展面临的严峻挑战之一，非洲国家整体对外开展环境合作的需求也较为强烈。中国与非洲开展环境合作，不仅能够有力推动中非双方的环保事业发展，也可成为配合中国对非洲政治、经济与外交战略的重要组成部分。随着中非关系的不断加强，中非环保合作的议题日显重要，已逐步成为影响中非总体关系的重要因素。总体而言，开展中非环境合作具有以下三个战略意义：

第一，中非环境合作有助于拓展中国与非洲的合作范畴，加强双方的务实合作。中国和非洲都地域辽阔、资源丰富、产品众多、市场潜力大，发展模式各具特色，因而在很多方面可以互利互惠，相互支持，相互借鉴，共同发展。近年来非洲国家整体经济实力的提高，也增强了中非之间开展合作的可能性和机会。中国“走出去”战略的实施，为非洲国家带来了大量投资，推动了经济的发展，但随之而来的环境问题却饱受各国诟病，甚至成为国际舆论借以攻击中国的武器。因此，积极推动环境合作，不仅有利于缓解中国“环境威胁论”的不利影响，为“走出去”战略的实施保驾护航，更有利于拓展中国与非洲的合作范畴，推动中国与非洲的务实合作。

第二，中非环境合作是共同解决区域环境问题、实现区域可持续发展的基本需要。环境是可持续发展的三大支柱之一，是实现区域可持续发展的重要组成部分。中国和非洲都面临着相似的气候变化、空气污染、土地退化、森林面积减少、生物多样性丧失、水环境污染等环境问题，也有共同解决重大环境问题的需要。中非开展环境合作，就共同关心的全球与区域环境问题开展政策对话、交流与务实合作，是共同解决区域环境问题、实现区域可持续发展的基本需要。

第三，中非环境合作有利于探索“南南合作”新模式，最大限度地维护共同利益，携手应对挑战。中国与非洲成员国都属于发展中国家，中非环保合作是“南南合作”的重要组成部分，也是南北合作顺利开展的重要基础。中非友好关系的特点可以归结为“互助”和“双赢”，在面对环境问题，特别是在生物多样性保护、气候变化等全球性环境问题上，中国与非洲的合作，将对有效共同维护发展中国家利益，建立更为公正合理的国际秩序发挥积极作用。可以说，双方的环保合作是丰富全球可持续发展的重要内涵，将为探索“南南合作”新模式提供动力。

2 非洲的环境保护发展概况

2.1 非洲的环境保护发展历程：1972—2014 年

2.1.1 20 世纪 70 年代

自 1957 年加纳脱离英国殖民者获得独立，成为撒哈拉以南非洲第一个获得独立的国家后，撒哈拉以南非洲特别是法属非洲的独立运动迅猛发展，至 1994 年南非废除种族隔离这一极端的殖民主义形式，非洲大陆的独立运动贯穿了 20 世纪后半叶的非洲历史。总体而言，20 世纪 70 年代非洲大陆仍处于去殖民化进程中，谋求政治独立、寻求非洲统一、维护各国社会稳定是这一时期非洲大陆的主题。

在冷战的国际大背景之下，处于争取独立进程之中的非洲各国间及国内冲突不断，环境治理在 70 年代并不为非洲大陆所关注。然而同时期国际环境合作领域的重大事件也对非洲形成了一定影响，最显著的标志是 1972 年斯德哥尔摩会议后联合国环境规划署（UNEP）成立并将其总部设于肯尼亚首都内罗毕。此外，战乱带来的难民问题也加剧了非洲自然和社会环境的恶化。

2.1.2 20 世纪 80 年代

20 世纪 80 年代许多非洲国家仍然处于殖民统治的枷锁之下。津巴布韦、纳米比亚等国家仍为争取民族解放和民族自决而奋斗。莫桑比克内战令数以百万计的难民逃离到马拉维、南非、坦桑尼亚等邻国，加剧了与当地人对自然资源的争夺。经济困境和由此引发的各种社会问题成为非洲发展面临的主要障碍之一。世界银行和国际货币基金组织在非洲推行的一些不当的社会和经济政策造成非洲对外依赖严重，外债持续增长。经济情况的恶化导致非洲国家不得不对教育、医疗基本公共服务支出进行削减，导致非洲人民尤其是城市和农村穷人生计困难。

在环境发展领域，20 世纪 80 年代非洲对环境保护的重视度有所上升。1984 年 48 个非洲国家在赞比亚首都卢萨卡举行的非洲地区环境保护会议上确定了每年的 4 月 8 日为非洲环境保护日。这次会议通过了卢萨卡宣言和非洲环境保护行动计划，呼吁非洲各国对非洲的荒漠化、水力资源污染以及森林的毁坏等现象予以高度重视。①

2.1.3 20 世纪 90 年代

随着“冷战”的结束，20 世纪 90 年代非洲大多数国家获得了民族独立，非洲民主化趋势愈加显现，公民社会力量开始兴起。非洲大陆的政治发展成为国际社会的研究热点，对于适用于非洲的新的发展范式的讨论备受关注。在这一时期，非洲统一组织认识到在环境治理领域开展合作的重要性，在非洲经济共同体成立公约的 56～59 款中提出了涉及自然资源、能源、环境和有害废物控制的内容。非洲统一组织和许多非洲国家政府也在宪法中明确环境作为一项基本权利的重要地位，非洲一些区域机构和次区域机构也开始将可持续发展概念纳入行动目标。

2.1.4 21 世纪至今

进入 21 世纪，非洲的环境保护发展进程进一步加快。从环境保护成效来看，耶鲁大学非洲环境法律政策中心的环境绩效指标（Environmental Performance Indicators，EPI）2006 年和 2008 年的统计结果显示，非洲在生物多样性、水资源获取、空气质量和生态系统保护方面的综合测算值为中级到优级。②虽然这一结果包含有非洲地区工业化程度较低的客观原因，但也可在一定程度上被视为非洲环境保护发展成果的佐证。此外，非洲在建设和参与区域及全球环境机制方面也取得了显著进展，不仅非洲区内各项环境保护机制在不断完善，非洲在国际环境谈判中的参与度和影响力也都有所提升。

一些非洲国家也在生物多样性保护、水资源管理、有色金属资源开发等方面进行了有益的可持续发展实践。在经济相对落后地区推广清洁能源项目这一领域，

① 《非洲环境保护日》，新华网，http://news.xinhuanet.com/ziliao/2003-09/01/content_1056939.htm.

② Sarah Kiggundu, *Addressing emerging environmental issues in 21st century Africa*, Consultancy Africa Intelligence, http://www.consultancyafrica.com/index.php?option=com_content&view=article&id=1283:addressing-emerging-environmental-issues-in-21st-century-africa-&catid=92:enviro-africa&Itemid=297.

非洲国家作为国际社会中的先行者，进行了探索型的实践，为推动国际社会的可持续发展提供了有益启示。部分非洲国家利用发展中国家的后发优势，大力发展清洁能源项目。如肯尼亚等国的地热发电项目、塞内加尔等国的太阳能发电项目、加纳等国的风能发电项目，均是结合国家实际情况进行可持续发展的典范。

近年来，随着可持续发展理念的传播和公民社会运动的发展，非洲还形成了一些颇有影响力的环境社会运动。这些运动或与公民社会组织和非政府组织推动的环境主义或者生态主义主张相关，肯尼亚的绿带运动即是一例。

专栏 2-1 公民社会对可持续发展的探索——肯尼亚绿带运动案例[①]

20 世纪三四十年代，英国殖民当局在肯尼亚全境内认定了肯尼亚山、阿布戴拉、茅草聚居区等 5 个“水塔”，认为这些地区适宜种植经济作物。之后，当地植被因被认为生长缓慢、经济上缺少开发价值而被大规模砍伐。快速生长的松树等品种被从北半球引进，为当时快速兴起的建筑业和蒸汽内燃车提供燃料。为大规模推广这些外来品种的种植，殖民当局引入了一种名为 Shamba（斯瓦西里语，意为“一块地”）的种植方法，即允许人们聚集在周边种植粮食作物，条件是同时为经济树种种植无偿劳动。缺少土地的农民满足于这种交换，于是这些经济树种在肯尼亚迅速繁殖起来。随着人口的增长和对土地要求的增加，越来越多的原始森林被农业用地所取代，当地树种被砍伐殆尽。殖民统治后期大规模开发对木材的需求则进一步恶化了这种状况。

这种经济树种每隔 30 年左右收获一次。不断的种植、收割和重新种植同样的单一树种，加上农民长期的粮食作物种植，使本土物种的多样性复原无望。这些外来引进的物种并不能形成森林，只能被称作“树木农场”。在真正的森林中，大量的水分得以保存在叶片、树干和土壤中。即便蒸发，也能够创造足够的湿度来哺育其他生态系统和降水循环系统。与本土森林不同，这些作物破坏本土的生物多样性，使土地除却这唯一的单一树种近乎不毛。它们不能保持和维护雨水，没有伸展的树叶系统，也不能使密集和多种类的植被、生物物质的碎片累积在地表上。随着本土原始森林被砍伐而替代为粮食作物和其他植物，自洽的生态循环系统不复存在，水土流失情况严重。

与此同时，“一块地（Shamba）制度”也带来了机会主义和贪腐。农民因在丛林周边种植粮食作物获益而贪，官员因卖树、出租土地和允许非法的烧木炭交易及非法放牧等而腐。控制国有土地的林业部官员允许人们到原始森林中去耕作，所得收入则都被这些人中饱私囊。

① Maathai, *The Challenge for Africa*, London: Arrow Books, 2010, pp.239-259.

正是在这种背景下，绿带运动作为2002年新一届政府的合作者，在阿布戴尔山脉展开拯救和重新恢复本土森林的运动。当地女性种植本土的树苗，每株活下来的树苗将给种植该树的女性带来相当的劳动报酬，使她们因此得以给孩子购买衣服、书本、支付学费和营养费。到2007年年底，当地人已经看到了这一可持续运动的成果：阿布戴尔山脉开始重新恢复生机，本土的很多灌木重新恢复，降水系统大为改善，水土得以保持。河水变清了，鱼儿回来了，甚至本地种植的茶树的质量和数量都有所改善。同时，绿带运动这一促进生态恢复的激励性机制也为当地带来了显著的社会和经济效益。

2.2 非洲区域组织的环境管理体系

2.2.1 非洲环境部长会议

非洲环境部长会议（African Ministerial Conference on the Environment，AMCEN）1985年在开罗成立，下设5个委员会和8个技术网络，是非洲国家间有关环境问题最重要的合作机制。大会每两至三年召开一次会议，致力于创建领导整个非洲大陆范围环境事务的机制，提升非洲对全球和区域环境问题的关注，促进非洲各国代表在国际环境公约谈判中统一立场，推动非洲对国际事务和与非洲有关重大事务的国际对话的参与，加强非洲环境管理能力建设，引导或推动区域和次区域环境倡议或战略，强化非洲各国政府在经济、技术和科学活动方面的合作，以遏制非洲环境退化。2006年5月，原国家环保总局副局长祝光耀作为特邀嘉宾曾应邀出席了在刚果（布）召开的第十一届非洲国家环境部长会议开幕式。

自成立之初，非洲环境部长会议即将其秘书处设在UNEP非洲区域办公室。目前AMCEN与非盟委员会（AUC）正在协商如何加强双方联系，按照2004年2月非盟苏尔特峰会宣言，AMCEN有可能日后成为非盟委员会下的一个特别技术委员会（Specialized Technical Committee，STC）。

2012年9月，非洲环境部长第14次会议在坦桑尼亚阿鲁莎市举行，来自非洲40多个国家的部长和国家代表参加了会议。本次会议有三个议题：制定“里约+20”后续行动、为气候变化框架公约第18次缔约方大会准备对案、非洲环境部长会议改革。经讨论，形成了一系列决议，主要是推动包容性的绿色经济可持续发展，形成气候变化谈判非洲统一立场和加强联合国环境署等。会上形成的《阿鲁莎宣言》强调非洲必须抓住“里约+20”成果带来的机遇。本次会议主要成果包括：

“里约+20”成果与非洲战略：在后续谈判中形成代表非洲利益的共同立场和参与策略，建立协调机制支持成员国推动绿色经济，制定和实施非洲区域发展十大旗舰计划等；

强化联合国环境署的作用：包括强调“里约+20”的决定，强化区域存在（希望在非洲5个次区域设立办公室）、增加经费（至少到联合国正常预算的2%以上），建议建立“非洲环境大会”和“部长环境会议”（ENVIRONMENT ASSEMBLY & MINISTERIAL CONFERENCE ON ENVIRONMENT）等形式的常设机制；

关于气候变化框架公约第18次缔约方大会的共同立场：特别是对发达国家京都议定书第二承诺期的实施提出了强烈的呼吁，并附48条关于非洲统一立场的关键信息作为非洲国家代表参加谈判的共同基础文件；

关于生物多样性谈判的共同立场：主要是应肯尼亚政府要求，在专家、部长和元首三个层面上建立关于生物多样性谈判的协调机制，建立非洲谈判小组，其中专家和部长层面由非洲环境部长会议决定；

非洲环境部长会议在非盟中的地位：要求非盟充分重视环境问题并考虑非洲环境部长会议的跨行业交叉性质（囊括减灾、气象、气候变化、森林、生物多样性、荒漠化、水等），并授权其发挥现有功能并决定自己的未来方向。

会议议定在现有合作框架下完善会议确定的十大旗舰计划：

- 非洲绿色经济伙伴计划；
- 非洲生态适应计划；
- 非洲可持续能源发展计划；
- 非洲可持续生产与消费伙伴计划；
- 非洲废弃物综合管理计划；
- 为非洲可持续发展规划的综合环境评价；
- 非洲土地管理和荒漠化治理计划；
- 非洲减贫和生计计划；
- 非洲生物多样性和生态系统计划；
- 非洲能力建设、技术转移和技能发展伙伴计划。

2015 年 3 月非洲环境部长第 14 次会议在埃及开罗举行。会议以“面向可持续发展与减贫的非洲自然资本管理”为主题，主要对 2014 年 12 月召开的《联合国气候变化框架公约》第 20 次缔约方会议成果进行回顾和分析，并对 2015 年即将在巴黎举办《联合国气候变化框架公约》第 21 次缔约方会议进行了展望。

会议还进一步讨论了第一届联合国环境大会的成果，特别是关于 2015 年后可持续发展形势与非法野生动物贸易，讨论其他区域相关的环境与可持续发展问题，如生物多样性、海岸带与海洋、推动非洲环境执法等。后 2015 年发展议程、防止野生动植物非法贸易、气候变化等是会议核心议题，并在部长会议上进行了广泛讨论。

第一，后 2015 年发展议程。非洲国家观点基本一致，要求重点注重发展权益，减贫是里约宣言和“里约＋20”可持续发展会议的核心精神，也应该作为非洲集团立场支撑后 2015 年发展议程谈判。以埃及、阿尔及利亚为首的北非国家则进一步表态希望结合可持续能源，推动绿色经济在非洲国家的发展。但对于绿色经济在非洲的表述，大多数非洲国家坚持绿色是众多发展“色彩”中的重要一环，引入绿色经济理念带动非洲减贫和可持续发展将是关键。

第二，防止野生动植物非法贸易。非洲环境部长会议再次确认非法野生动物贸易是犯罪行为，是非洲国家面临的重大生态威胁之一。非法野生动物贸易在非洲国家已形成包括供应国、中转国到消费国在内的一条完整而复杂的链条。南非、肯尼亚、马达加斯加、刚果金、乌干达、加蓬、加纳等十余国环境部长纷纷表示人类的活动，日益占据和威胁着原本属于野生动物的土地；城镇化进程也在蚕食野生动物日益狭小的生存空间；气候变暖、土地退化等自然或人为因素导致的生态现象同样影响了野生动物的繁衍生息。

第三，气候变化。非洲特殊的自然环境和以农业为主的经济发展模式使其更易受气候变化的影响。有关非洲国家指出非洲各国决策者在共同应对气候变化时一直缺乏有效沟通，现在各方虽然已认识到这个问题的重要性并着手改进，但努力程度还远远不够。一些国家坚持应建立非洲国家气候变化伙伴关系，进一步推进未来非洲气候变化的研究议程，制定主流气候信息框架，及时准确解释并评估农业、食品生产、水资源管理、气候风险管理和适应性规划等方面的行动。

会议决定继续加强业已明确的十大旗舰项目，并取得成效。

表 2-1 AMCEN 的组织机构及各机构职能

部长会议（Conference）	每两至三年一次，各成员国环境部长出席，讨论 AMCEN 两年一度的环境规划，根据需要举行特别会议
执行局（Bureau）	两年一届，每两年召开一次会议，包括 5 个成员（一位主席、三位副主席、一位主席助理），分别代表五个非洲次区域。其职能为指导大会决议的执行，评估执行进展，对闭会期间委员会、机构间技术委员会以及秘书处工作给予宏观指导
大会秘书处（The Secretariat of the Conference）	设在 UNEP 非洲区域办公室，主要协助大会主席和执行局的工作，负责会议组织，服务于大会、执行局和其他相关机构
机构间技术委员会（Inter-Agency Technical Committee）	由来自非盟、联合国非洲经济委员会、非洲开发银行、非洲次区域组织和经济团体、其他专门机构和联合国相关机构的代表组成，成员涵盖多边环境协定秘书处、专门的 NGO、私人部门和公民社会。委员会在工作协调和整合方面对秘书处提供支持

资料来源：根据 AMCEN 网站资料整理，http://www.unep.org/roa/amcen。

专栏 2-2 非洲环境部长会议发展历程（1895—2005 年）

非洲环境部长会议从 1985—2005 年的发展历史大致可以分为以下三个阶段：

1. 第一阶段（1985—1993 年）

以 AMCEN 的机制建立和完善为标志。第一阶段主要围绕 1985 年 12 月 AMCEN 第一届会议上通过的非洲合作开罗方案（Cairo Programme for African Cooperation）的修订和执行进行。开罗方案是 AMCEN 初期最主要的纲领性文件，方案旨在阻止非洲环境衰退给非洲食物和能源供给造成的危机，为达成实现食物和能源自给自足的目标，设定了区域试点项目和 29 个优先次区域行动，强调非洲国家政府是解决非洲大陆问题的最主要责任方，非洲寻求外部援助的前提条件是非洲自身先在资金和其他领域承担起应尽的责任。在第一阶段，AMCEN 的自身组织结构和程序流程初步形成，并为试点项目的开展建立了国家、次区域和区域层次的相应执行机构，还负责为参加 1992 年的地球峰会做准备。

在第一阶段，AMCEN 确立了其自身在非洲环境问题领域的政治领导地位，为加强非洲各国在环境事务方面的合作做出了积极努力。为回应非洲不断出现的新问题，会议还将关注领域由环境问题扩展至教育、妇女、种族隔离和公民社会参与。然而由于非洲在环境领域的行动计划不够细化，开罗方案目标过于宏大，第一阶段的收效不甚理想。且原先计划的由非洲国家出资支持 AMCEN 方案未被有效落实，AMCEN 运转受限。

2．第二阶段（1993—2000 年）

第二阶段以新政策导向为依托，对 AMCEN 进行了几项重大结构调整。为回应 1992 年地球峰会和开罗方案执行中面临的挑战，在 1993 年第五届会议上对 AMCEN 的运行方式和关注点进行了调整。大会的关注点从执行具体项目转变为强调政策指导，目标首次调整为实现可持续发展提供覆盖整个大陆范围的政治和技术领导，寻求非洲在环境和发展领域的立场一致。

在此阶段 AMCEN 与非洲统一组织、UNEP、非洲经济委员会、非洲开发银行等机构的合作进一步加强。AMCEN 自身组织结构也有所变动，在 1997 年转变为政府间环境与发展的制度性机构。

为解决资金困难，AMCEN 成立了一个基于自愿捐助的信托基金，然而捐资国为数不多，AMCEN 仍然依赖 UNEP 的资金支持。在 20 世纪 90 年代 UNEP 在因各国对 UN 捐资数额明显下降自身财政受到影响的情况下，AMCEN 资金运作困难重重。

3．第三阶段（2000—2005 年）

这一阶段，大会进一步改进了其组织机构以提高效率。AMCEN 着力推动非盟大会通过的非洲发展新伙伴关系方案（NEPAD）环境举措行动计划的实施，并努力争取伙伴国家对行动方案的支持。AMCEN 同时牵头非洲参与 2002 年可持续发展世界首脑会议的筹备工作，并负责会议有关非洲决议的落实。这一阶段 AMCEN 的财政状况有所改善。

资料来源：History of the African Ministerial Conference on the Environment 1985—2005，http://www.unep.org/roa/amcen/。

表 2-2 历年 AMCEN 的关注主题

年份	会议名称	召开地点	关注主题与内容
1985	AMCEN 1	埃及开罗	非洲合作开罗方案（Cairo Programme for African Cooperation）的修订和执行
1987	AMCEN 2	肯尼亚内罗毕	区域环境技术合作、下属委员会的建立安排
1989	AMCEN 3	肯尼亚内罗毕	区域环境技术合作网络及机构间工作组的建设
1991	AMCEN 4	塞内加尔达喀尔	资料空缺
1993	AMCEN 5	埃塞俄比亚亚的斯亚贝巴	《21 世纪议程》的执行、讨论资金机制安排
1995	AMCEN 6	肯尼亚内罗毕	为应对气候变化而实现可持续工业生产和消费
1997	AMCEN 7	塞内加尔达喀尔	环境保护与发展可持续农业、国际环境公约的批准
2000	AMCEN 8	尼日利亚阿布贾	机构改革、非洲对全球环境谈判的参与、加强与 UN 及非洲区内各组织的联系

年份	会议名称	召开地点	关注主题与内容
2002	AMCEN 9	乌干达坎帕拉	争取资金支持、加强部长会议主席与各国部长间联系、落实多边环境协议
2004	AMCEN 10	利比亚苏尔特	落实"促进非洲发展新伙伴关系方案环境举措的行动计划"相关安排
2006	AMCEN 11	刚果（布）布拉柴维尔	加强与"促进非洲发展新伙伴关系方案环境举措的行动计划"的机制联系
2008	AMCEN 12	南非约翰内斯堡	落实"促进非洲发展新伙伴关系方案环境举措的行动计划"相关安排，统一非洲各国在国际气候变化谈判中的立场
2010	AMCEN 13	马里巴马科	落实"促进非洲发展新伙伴关系方案环境举措的行动计划"相关安排，修改 AMCEN 章程
2012	AMCEN 14	坦桑尼亚阿鲁沙	"里约+20"后的非洲可持续发展战略
2015	AMCEN 15	埃及开罗	后 2015 年发表议程，防止野生动植物非法贸易，气候变化

资料来源：AMCEN 网站，http://www.unep.org/roa/Amcen/Meeting_Documents/default.asp; UNEP 网站，http://www.unep.org/roa/amcen/Amcen_Events/15th_Session/。

表 2-3　AMCEN 的重要文件及面临的挑战

<table>
<tr><th>总体职能</th><th>重要文件、决议</th><th>面临的挑战</th></tr>
<tr><td rowspan="3">• 商议多边环境协议
• 主导非洲发展新伙伴关系方案（NEPAD）环境举措行动计划的编制和执行
• 为 UNEP 非洲环境展望（Africa Environment Outlook，AEO）的编写提供支持
• 修订 1968 年通过的《保护自然和自然资源的非洲公约》（African Convention on the Conservation of Nature and Natural Resources）
• 密切与《保护、管理和开发东非区域海洋和沿海环境公约》、《保护和开发西非、中非区域海洋和沿海环境公约》的联系
• 关注《生物多样性公约》、《联合国防治荒漠化公约》以及《联合国气候变化框架公约》的执行</td><td>1985 年 12 月 AMCEN 第一届会议上通过非洲合作开罗方案(Cairo Programme for African Cooperation)。开罗方案是 AMCEN 初期最主要的纲领性文件，旨在阻止非洲环境衰退给非洲食物和能源供给造成的危机，为达成实现食物和能源自给自足的目标，设定了区域试点项目和 29 个优先次区域行动</td><td rowspan="3">• 难以获得可持续的资金支持
• 难以将区域和全球环境问题进行统合，以提高国家和次区域对环境的关注
• 难以将全球环境关注转化为国家、次区域和区域层次具体的、可操作的、可达成的行动计划</td></tr>
<tr><td>2003 年 6 月在莫桑比克马普托举行的 AMCEN 第二次特别会议通过了"促进非洲发展新伙伴关系方案环境举措的行动计划"（Action plan of the Environment Initiative of the New Partnership for Africa's Development）。此项计划是非洲各国领导人对非洲大陆目前所面临的各种环境挑战做出的一项具体反应，旨在促进非洲大陆的可持续发展</td></tr>
<tr><td>2009 年 5 月，AMCEN 第三次特别会议在肯尼亚首都内罗毕召开，会上通过了《内罗毕宣言》，宣言主要强调了目前非洲在环境及气候变化领域面临的挑战，并为非洲各国共同协商形成一套更合理的应对气候变化管理体制创造机会</td></tr>
</table>

资料来源：根据 AMCEN 网站整理，http://www.unep.org/roa/amcen。

2.2.2 非洲开发银行

（1）非洲开发银行概况

1963年7月，非洲高级官员及专家会议和非洲国家部长级会议在喀土穆召开，通过了建立非洲开发银行（African Development Bank，AfDB）的协议。1964年，非洲开发银行正式成立，1966年7月1日开始运营。总部设在科特迪瓦的经济中心阿比让。2003年因科特迪瓦国内局势问题迁至突尼斯。非洲开发银行是非洲最大的地区性政府间开发金融机构，其宗旨是通过投资和贷款，促进成员国经济发展和社会进步，推动非洲经济的可持续增长和减贫事业。整个非洲开发银行集团包括非洲开发银行、非洲发展基金、尼日利亚信托基金。

目前，非洲开发银行共有78个成员国，其中包括53个非洲国家，此外还有包括中国在内的区外成员25个，分别为：中国、阿根廷、奥地利、巴西、比利时、丹麦、德国、法国、芬兰、荷兰、加拿大、科威特、美国、挪威、葡萄牙、日本、瑞典、瑞士、沙特阿拉伯、土耳其、西班牙、意大利、印度、英国以及韩国。中国于1985年5月加入非洲开发银行后，不断与其深化合作关系，大力支持非洲地区的基础设施建设、扶贫和教育等项目，非洲开发银行也成为中非间进行可持续发展合作的重要平台。截至2006年年底，中国在非行持股24 230股，占总股份的1.117%。[①]

表2-4 非洲开发银行机构及主要职能

机构	主要职能
理事会	为最高决策机构，由各成员国委派一名理事组成，一般为成员国的财政和经济部长，通常每年举行一次会议。 必要时可举行特别理事会，讨论制定银行的业务方针和政策，决定银行重大事项，并负责处理银行的组织和日常业务。 理事会年会负责选举行长和秘书长
董事会	由理事会选举产生，是银行的执行机构，负责制定非行各项业务政策。共有18名执行董事，其中非洲以外国家占6名，任期3年，一般每月举行两次会议

资料来源：《非洲开发银行》，新华网，http://news.xinhuanet.com/ziliao/2003-07/10/content_965061.htm。

①《非洲开发银行》，新华网，http://news.xinhuanet.com/ziliao/2003-07/10/content_965061.htm。

非洲开发银行资金来源主要来自成员国的认缴，截至 2012 年 12 月 31 日，非洲开发银行核定资本为 669.8 亿 UA。[①]

为保证非洲国家对非洲开发银行绝对的发言权，非洲国家保有 60%的股权优势。非洲区外成员股权比例为大约 40%，其中 G7 国家占比达 28%。除非洲内部的尼日利亚、阿尔及利亚、埃及、南非外，美国、日本、德国、加拿大和法国是非洲开发银行的主要资助者，股权占比均在 3.5%以上。2012 年中国在非洲开发银行中股权占比 1.1%，与亚洲区域内对非洲开发银行捐助最多的日本（股权占比达 5.5%）仍有较大差距。

表 2-5 2011 年非洲开发银行的前十大股东

国家	股权比例
尼日利亚	9.3%
美国	6.6%
日本	5.5%
埃及	5.4%
南非	4.8%
阿尔及利亚	4.2%
德国	4.1%
利比亚	4.0%
加拿大	3.7%
法国	3.7%

资料来源: http://www.afdb.org/fileadmin/uploads/afdb/Documents/Financial-Information/AfDB%20Issuer%20Factsheet. pdf。

① UA 为非洲开发银行的记账单位，2012 年 1 UA=1.536 92 美元。

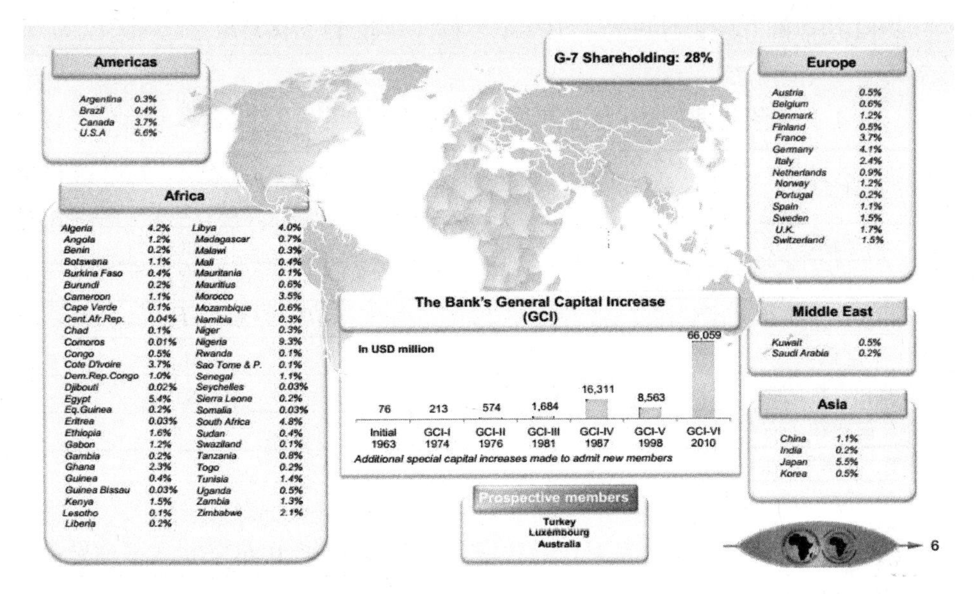

资料来源：http://www.afdb.org/fileadmin/uploads/afdb/Documents/Investor%20Presentation%20September%202012%20for%20Website.pdf。

图 2-2 2012 年非洲开发银行资金捐赠来源

(Amounts in UA thousands)

	Member States	Total Shares	% of Total Shares	Amount Paid	Callable Capital	Number of Votes	% of Total Voting Power
	Total Regionals	3,794,941	60.150	1,687,913	36,261,689	3,827,230	60.210
54	Argentina	5,847	0.093	6,108	52,364	6,472	0.102
55	Austria	28,330	0.449	12,645	270,660	28,955	0.456
56	Belgium	40,525	0.642	16,083	389,180	41,151	0.647
57	Brazil	28,084	0.445	11,157	269,696	28,710	0.452
58	Canada	241,520	3.828	138,650	2,276,560	242,145	3.809
59	China	70,920	1.124	31,653	677,550	71,545	1.126
60	Denmark	74,611	1.183	44,371	701,740	75,236	1.184
61	Finland	31,015	0.492	13,843	296,310	31,640	0.498
62	France	238,291	3.777	106,353	2,276,560	238,916	3.759
63	Germany	260,238	4.125	103,245	2,499,140	260,863	4.104
64	India	14,183	0.225	6,335	135,500	14,808	0.233
65	Italy	153,642	2.435	68,573	1,467,850	154,267	2.427
66	Japan	348,471	5.523	155,530	3,329,180	349,096	5.492
67	Korea	28,330	0.449	12,645	270,660	28,955	0.456
68	Kuwait	9,707	0.154	9,720	87,350	10,332	0.163
69	Netherlands	54,470	0.863	23,741	520,970	55,095	0.867
70	Norway	73,452	1.164	32,785	701,740	74,077	1.165
71	Portugal	15,185	0.241	6,108	145,750	15,810	0.249
72	Saudi Arabia	12,229	0.194	4,855	117,440	12,854	0.202
73	Spain	69,141	1.096	47,980	643,440	69,766	1.098
74	Sweden	98,039	1.554	43,753	936,640	98,664	1.552
75	Switzerland	93,047	1.475	41,528	888,950	93,672	1.474
76	United Kingdom	106,683	1.691	47,615	1,019,220	107,308	1.688
77	United States of America	418,250	6.629	166,290	4,016,219	418,875	6.590
	Total Non Regionals	2,514,211	39.850	1,151,562	23,990,669	2,529,213	39.790
	Grand Total	6,309,152	100.000	2,839,475	60,252,358	6,356,443	100.000

资料来源：非洲开发银行 2012 年财务报表。

图 2-3 2012 年区外成员国对非洲开发银行的捐赠情况统计

2012 年非洲开发银行进行了 199 个项目，共计 42.5 亿 UA。

表 2-6 非洲开发银行 2012 年各部门项目所用资金统计情况

项目部门	该部门项目总额/（亿 UA）	该部门项目总额占非洲开发银行 2012 年贷款和捐赠总额比例/%
基础建设	17.6	48.9
社会	5.253	14.6
多部门	5.054	14.0
金融	4.028	11.2
农业和农村发展	3.081	8.6
工业、矿业和采石业	0.977	2.7

资料来源：非洲开发银行网站，http://www.afdb.org/。

非洲发展基金是非洲开发银行的软贷款窗口。中国于 1985 年加入非洲发展基金和非洲开发银行，通过中国人民银行、国家开发银行、进出口银行和中非发展基金对非洲开发银行和非洲发展基金提供资金支持。中国参加了非洲发展基金的 8 次捐资，承诺捐资总额共计 4.86 亿美元。[①]

表 2-7 非洲开发基金的前十大捐资国（2012 年 6 月统计）

排名	国家	捐资额（10 亿美元）
1	美国	4.0
2	日本	3.8
3	德国	3.5
4	法国	3.5
5	英国	3.0
6	加拿大	2.4
7	意大利	1.8
8	瑞典	1.7
9	挪威	1.5
10	荷兰	1.4

资料来源：*Investor Presentation*，The African Development Bank Group，September 2012; http://www.afdb.org/fileadmin/uploads/afdb/Documents/Investor%20Presentation%20September%202012%20for%20Website.pdf。

① 《中国实施千年发展目标进展情况报告》，http://www.un.org/chinese/millenniumgoals/china08/8.html。

作为致力于推动非洲发展的金融机构，对环保专项项目或将环保列为目标之一的项目提供资金支持也是非洲开发银行的职能之一。此外，在环保政策规定方面，目前非洲开发银行拥有较为完整的环境保障政策和项目环境与社会影响评价规定。在环境信息统计方面，自2006年以来，非洲开发银行每年发布《非洲国家性别、贫困和环境指数》报告（Gender，Poverty and Environmental Indicators on African Countries），在环境部分公布非洲各国城市人口比重、森林覆盖率、土地应用类型、碳排放、用水用电情况的数据。

（2）非洲开发银行的环境政策组机制

非洲开发银行下设的主要项目部门包括基础建设、社会、多部门、金融、农业和农村发展、工矿业和采石业，环境并不是非洲开发银行单独列出的部门。在环境领域，非洲开发银行设有环境政策工作组工作，已经持续了近20年。工作组目的是推动非洲经济发展进程中的环境政策主流化，主要为非洲开发银行支持的经济项目提供环境支持，审定非洲开发银行各部门项目是否符合环境影响评价和环境绩效管理的规定，并为非洲国家提供环境援助。[①]

表2-8 非洲开发银行推动的环境政策执行计划

序号	核心环境问题	执行计划
1	土地退化与荒漠化	支持以社区为基础的农业、林业、造林、再造林；促进再生能源使用，减少对使用木材燃料的依赖； 整合纳入国家防治荒漠化活动的国家行动计划（NAP）
2	海岸带保护	制订、实施能力建设和战略规划；推动各成员国完善国内法律法规； 推广改善海岸带生态系统的知识，并建立运用科学知识来优化利用沿海资源的市场机制； 防止海洋陆源污染
3	全球环境公共产品保护	促进各成员国制定生物多样性和生物资源可持续利用的国家发展计划；推动绿色农业生产系统的集成； 在非洲开发集成方法的湿地管理系统
4	城市环境管理	促进城市发展的国家计划，改善城市环境管理；城市与自然资源的可持续利用

① 参见《中国—非洲环境合作研究》，中国—东盟环境保护合作中心，2012年。

序号	核心环境问题	执行计划
5	促进可持续行业：矿业、能源与资源开发	最大限度地减少矿业、能源与其他资源开发对环境的不利影响； 制定适当的环境准则和规范； 支持工业项目，其中包括节能和高效节能技术开发，并确保危险工业废物的安全处置； 鼓励批准或加入《禁止进口危险废物并控制其在非洲越境转移的巴马科公约》，并加强其有效实施公约的能力
6	能力建设	推动非洲区域环境能力建设； 在成员国内推动环境影响评价制度的执行与完善； 将环境管理纳入非洲开发银行的培训活动； 鼓励私营部门企业发展清洁技术； 推动生态旅游； 举行环境与扶贫研讨会（银行风险管理委员会工作人员、环境部门的参与）

根据最新一期的非洲开发银行的环境政策工作组行动计划（2010—2012），其主要目标是：

第一，开发与应用环境管理工具。在非洲开发银行成员国内全面推动环境绩效评估，以确保环境经济活动的可持续发展；推动以社区为基础的公众环境参与。

第二，增加非洲开发银行投资项目的环境透明度。推动成员国环境治理结构的改善，并推进非洲开发银行人员的环境问责制。

第三，构建伙伴合作关系，包括与其他地区开发银行、双边组织、联合国机构、科研机构和非政府组织。

（3）作为全球环境基金执行机构的非洲开发银行

非洲开发银行于 2003 年 11 月成为全球环境基金（GEF）的执行机构。加入至今，非洲开发银行的环境领域相关项目已经涉及气候变化、生物多样性、土地保护和国际水域等领域。[①]随着在旅游业、能源、农业和交通业等部门致力于环境保护和可持续发展的项目需求不断增加，非洲开发银行和全球环境基金在通过合理配置有限资源为项目提供资金支持和技术专家方面发挥了重要作用。目前，非洲开发银行已帮助其非洲成员国争取到来自 GEF 的 2 500 万美元项目资金支持。

① http://www.afdb.org/en/topics-and-sectors/initiatives-partnerships/global-environment-facility-gef/。

非洲开发银行正致力于以GEF执行机构的身份，在国家对话层次上推动非洲各国在环境保护领域的进展，寻找更多非洲国家环境需求与非洲开发银行—GEF行动的契合点。

（4）非洲开发银行下作为推动可持续发展重要平台的非洲经济大会

在非洲开发银行的倡议下，非洲经济大会自2007年起每年召开，成为讨论非洲经济问题，尤其是可持续发展问题的主要平台之一。目前，联合国开发计划署和联合国非洲经济委员会与非洲开发银行共同举办这项会议。2012年，在卢旺达首都基加利召开的第七届非洲经济大会即以“在全球经济不确定时代促进非洲包容性增长和可持续发展”为主题，探讨了以人为本的经济增长方式等议题。在此之前，“绿色经济和非洲经济结构调整”（第六届，埃塞俄比亚）、“制订推动非洲经济复苏和实现长期增长的行动计划”（第五届，突尼斯）等均体现了非洲开发银行对于可持续发展的关注。

2.2.3 非洲联盟

（1）非洲联盟概况

非洲联盟（African Union，AU，简称非盟）有54个非洲会员国，包括了几乎所有的非洲国家（除摩洛哥因为反对阿拉伯撒哈拉民主共和国拥有非盟会员国的资格拒绝加入），是属于集政治、经济和军事于一体的全非洲性的政治实体，是非洲一体化的重要推动机构。其宗旨是帮助非洲发展及稳固非洲的民主、人权，以及可持续发展的经济。非洲联盟的前身是1963年在埃塞俄比亚首都亚的斯亚贝巴成立的“非洲统一组织”。2002年7月在南非改组。

非洲联盟的最高权力机构是首脑会议，每年召开两次。近年来，多次首脑会议的主题或议题都与可持续发展有关，如第十七届在赤道几内亚举行的首脑会议主题为“加快青年能力培养以促进可持续发展”。

（2）中国与非洲联盟

中国同非盟及其前身非洲统一组织保持着友好往来和良好合作，并向其提供了力所能及的援助。中国自1998年就开始派政府特使以观察员身份出席非洲统一组织首脑会议，这一惯例在非盟成立后得到进一步加强。2005年3月，中国成为首批向非盟派遣兼驻代表的区外国家。2008年11月中国—非盟战略对话正式启动，截至2013年2月已举办了5次。近年来，中国与非盟高层领导人互访频繁，中国与非盟关系全面深入发展。中国与非盟在气候变化、世界贸易组织多哈回合谈判等重大国际问题以及非洲热点问题上加强沟通协调。在中非合作论坛中，非盟于2010年从观察员身份转换为正式成员。

（3）“非洲发展新伙伴计划”下的“促进非洲发展新伙伴关系方案环境举措的行动计划”

非洲发展新伙伴计划（New Partnership for Africa’s Development，NEPAD）是非盟下设主要机构之一，由南非、尼日利亚、阿尔及利亚、塞内加尔和埃及于2001年7月在赞比亚首都卢萨卡召开的第37届非洲统一组织首脑会议上一致通过。2002年被确定为非盟经济社会发展纲领，2010年正式并入非盟框架。下设国家元首和政府首脑指导委员会、执行委员会、规划和协调局等决策和执行机构。NEPAD是非洲自主制定的第一个全面规划非洲政治、经济和社会发展目标的蓝图，旨在解决非洲大陆面临的包括贫困加剧、经济落后和被边缘化等问题。

创建之初，NEPAD有着明显的“贪大求全、不切实际”的问题，同时NEPAD的很多机构与非盟并存，造成了重叠和混淆。2008年，非洲国家领导人在塞内加尔首都达喀尔召开会议，决定将NEPAD的组织机构并入非洲联盟，希望借此加强该组织的执行能力，切实地落实这项为全非洲发展制订的宏伟计划。目前，NEPAD作为非盟的一个技术机构（technical body）存在。进行了工作重心调整后，环境保护和可持续发展也成为了NEPAD的六个重点领域之一。NEPAD的环境计划主要是促进非洲国家将其应对气候变化的措施整合进自己国家的发展政策中，同时加强非洲国家应对气候变化的各种技能，如气候变化适应与缓解、技术与金融方面的能力等。此外，NEPAD的环境计划也为非洲各国提供有关气候变化的数据和信息，构建气候变化的信息数据库。

在NEPAD框架下，2003年6月在莫桑比克马普托举行的非洲环境部长会议第二次特别会议通过了“促进非洲发展新伙伴关系方案环境举措的行动计划”（Action Plan for the Environmental Initiative of NEPAD）。此项计划是非洲各国领导人对非洲大陆目前所面临的各种环境挑战做出的一项具体反应，旨在促进非洲大陆的可持续发展，提升非洲环境部长会议的重要性，并将消除贫困与社会经济发展相联系，加强非洲区域及国际环境条约履约能力。

2.2.4 东非共同体

东非共同体是由肯尼亚、乌干达、坦桑尼亚、布隆迪和卢旺达五个东非国家组成的区域性国际组织，旨在加强成员国在经济、社会、文化、政治、科技、外交等领域的合作，协调产业发展战略，共同发展基础设施，实现成员国的经济和社会可持续发展。由于成员国间的政治、经济摩擦，东非共同体曾一度解体，于2001年正式恢复成立。中国与东非共同体间存在着积极的合作关系，双方于2011年签署了经济、贸易与投资合作框架协议。

东非共同体在推进可持续发展方面取得了一定成就。以能源合作为例，东非地区的电力供应紧张是地区内部经济发展的制约因素，东非共同体各国在新建电站和输电线路方面投入了大量资金。近年来新建的电站均利用清洁能源，以水力发电、沼气发电和太阳能发电为主，充分体现了可持续发展理念。

2.2.5 西非国家经济共同体

西非国家经济共同体是由尼日利亚、多哥等15个国家建立的，是非洲最大的区域性经济合作组织。其宗旨为促进成员国在经济、社会和文化等方面的发展与合作，提高人民生活水平，加强相互关系，为非洲的进步与发展作出贡献。

西非国家经济共同体致力于推动成员国国内的基础设施建设，自组建以来已经实施了公路交通优先计划、区内电信计划、天然气管道项目、可再生能源开发项目等。天然气管道项目将尼日利亚生产的天然气通过管道运送到贝宁等国，以替代原油等污染较高的能源。这一项目于2006年启动，帮助加快了这一地区的可持续发展进程。

此外，共同体还制订了多项环境保护领域的工作计划，包括地区性浮水杂草控制计划、沙漠防治计划、水资源管理计划及气象计划等。但由于资金短缺等因素的限制，大部分计划尚未投入实施。在这一问题上，西非共同体曾多次召开会议进行讨论。2012年年底，共同体部分成员国议员参加以“为西非国家经济共同体的社会和经济发展提供可持续和可负担的能源”为主题的会议，讨论了在西非国家落后的经济状况下如何推进可持续的能源发展这一议题。

2.2.6 阿拉伯马格里布联盟

阿拉伯马格里布联盟于1989年2月17日成立，目前有阿尔及利亚、利比亚、毛里塔尼亚、摩洛哥、突尼斯5个成员国。阿拉伯马格里布联盟虽然成立较晚，但却是非洲众多区域性组织中较早提出并践行可持续发展概念的组织之一。早在20世纪90年代，联盟首脑委员会便制定了《关于保护环境与可持续发展的马格里布宪章》，并建立了与之配套的粮食安全部长委员会等机构，以便推进宪章的实施。近年来，阿拉伯马格里布联盟多次召开关于可持续发展的协商会议，涉及环境保护、农产品种植、农业技术培训、农业科研、防治土地沙漠化等多个层面。

3　国际组织及相关国家与非洲的环境合作

3.1　联合国环境规划署与非洲的环境合作

3.1.1　联合国环境规划署为应对非洲重大环境挑战而作出的贡献

联合国环境规划署(UNEP)的总部设于地处非洲的肯尼亚内罗毕,因此UNEP与非洲始终保持一种特殊的关系。UNEP 多年来一直支持设立非洲部长级水事会议，并向非洲环境部长会议提供秘书处服务，同时还与全球环境基金密切协作，努力把工作重点特别放在为非洲新伙伴关系方案下的环境举措所涉各优先重点领域提供支持，其中包括湿地养护、外来入侵物种、沿海地区管理、全球升温、荒漠化、跨界保护区、环境管理和财政领域。这些活动通过以环境促发展的综合努力推动实现减贫总体目标发挥作用。

表 3-1　联合国环境规划署为应对非洲重大环境挑战而作出的贡献

对促进非洲发展新伙伴关系方案与非洲联盟的支持	非洲联盟国家和政府首脑大会于 2003 年 7 月在莫桑比克的马普托举行的第二届会议上通过了关于非洲新伙伴关系方案下的环境举措的行动计划的相关决定。该环境举措的行动方案是在非洲环境部长会议的领导下订立。非洲联盟的组织法案规定设立了一个负责处理各种环境问题的技术委员会；而非洲新伙伴关系方案则确立了各项关键性主题和一项行动方案，其中包括上述环境举措。 阿尔及利亚政府在 UNEP 的支持下于 2003 年 12 月在阿尔及尔举办了一次合作伙伴亦即捐助方会议，以便设法促进非洲各发展伙伴参与支持有效实施在非洲新伙伴关系方案环境举措的行动计划内确立的各个优先项目和方案。UNEP 应塞内加尔政府的请求为设立一个非洲新伙伴关系方案下的环境举措临时秘书处提供了体制安排方面的支持。 UNEP 一直在通过农村经济和农业问题专员办事处与非洲联盟进行联络，探讨双方共同感兴趣的议题，其中包括由 UNEP 对非洲联盟的工业、科技、能源、自然资源和环境技术委员会的工作提供支持。设于亚的斯亚贝巴的 UNEP—非洲联盟联络处亦作为 UNEP 与非洲联盟之间交流信息和进行联络的一个渠道发挥了作用

与其他联合国机构及分区域经济共同体携手开展工作	在联合国非洲经济委员会（非洲经委会）的领导下，以联合国系统向非洲新伙伴关系方案提供援助的整体协调办法为基础，设立了分别由所有在非洲开展工作的联合国机构组成的各个归口组合机制。UNEP 担任了其中负责在环境、人口和城市化问题的归口组合内协调各类环境问题的牵头机构。 在非洲环境部长会议的指导下，UNEP 与各分区域组织携手展开工作；这些组织包括：阿拉伯马格里布联盟、东非国家经济共同体、西非国家经济共同体、政府间发展局、东非和南部非洲共同市场，以及南部非洲发展共同体等，旨在设法最后敲定环境举措下的行动计划
支持非洲环境部长会议	非洲环境信息网络是非洲环境部长会议发起的一项举措，目前正在 UNEP 的支持下予以实施，旨在增强国家和分区域两级的信息交流和数据基础设施，以便推动非洲环境展望进程。共与 13 个试点国家签署了谅解备忘录，以期在国家一级实施非洲环境信息网络活动。 为非洲环境部长会议提供秘书处、资金及技术支持
对其他政府间论坛提供的支持	UNEP 推动建立了非洲水事部长理事会。该理事会正式设立于 2002 年，负责在为社会和经济发展，保持非洲生态系统而使用和管理水资源领域内提供政治领导、政策和战略指导，以及鼓励和倡导。UNEP 向非洲水事部长理事会的主席团（亦称为指导委员会）提供了技术和财政支持，并支持其技术咨询委员会的协商工作。 UNEP 在泛非水事工作实施和伙伴关系会议指导委员会的各次筹备会议方面发挥了主导作用（提供技术投入及财政和后勤支持）
对非洲区域的能源部门提供支持	作为《约翰内斯堡执行计划》的一项后续行动，UNEP 继续对非洲区域的能源部门提供支持。特别是与会非洲代表于 2003 年 11 月在内罗毕举行的欧洲联盟能源举措会议期间举行的一次工作会议上努力增强非洲能源问题部长级会议的进程。会议通过了《非洲可再生能源问题声明》
为非洲多边环境协定的签署和修订提供支持	包括但不限于： 《保护和开发西非和中非区域海洋和沿海环境合作公约》（阿比让公约） 《保护、管理和开发东非区域海洋和沿海环境公约》（内罗毕公约） 《关于保护自然和自然资源的非洲公约》（阿尔及尔公约） 《关于禁止非法买卖野生动植物合作执法行动的协定》（卢萨卡协定） 为在非洲地区推定《联合国气候变化框架公约》、《蒙特利尔议定书》、小岛屿发展中国家可持续发展行动纲领实施提供支持
为非洲的具体部门性和跨部门性活动提供支持	主要包括： 环境与贸易； 清洁生产与可持续的消费模式； 非洲国家环境法制定和修改； 非洲地区冲突后的环境评估案例研究； 综合水资源管理； 巨猿生存项目； 贫困与环境问题

资料来源：UNEP/GC.23/3/Add.7 联合国环境规划署理事会/全球部长级环境论坛第二十三届会议资料，2005 年 2 月 21—25 日，肯尼亚内罗毕。

3.1.2 支持《非洲环境展望》(*Africa Environment Outlook*)的编制工作

2000 年 4 月，第八届非洲环境部长会议上决定编制《非洲环境展望》，以对非洲的环境政策和环境管理现状提供系统的科学评估。《非洲环境展望 1》的编写工作于 2002 年 7 月在第九届非洲环境部长会议上启动，并将其列为 NEPAD 环境举措行动计划的首要背景文件。迄今为止，《非洲环境展望》已经发布三期，主题及主要关注内容见表 3-2。

表 3-2 《非洲环境展望》的主题和主要关注内容

时间	主题	主要关注内容
2002 年 7 月	《非洲环境展望 1：非洲环境发展的过去、现在和未来》	系统梳理 1972—2002 年非洲的环境与发展历程。 分区（北非、东非、西印度洋群岛、南非、中非、西非）总结了大气、生物多样性、沿海和海洋环境、森林、淡水、土地、城市发展的现状和相应政策分析
2006 年 5 月	《非洲环境展望 2：我们的环境，我们的财富》	回顾非洲发展历程中环境和社会因素的变化，梳理非洲环境、民生和地区发展之间的关系。 在非洲整体及分区（北非、东非、西印度洋群岛、南非、中非、西非）层次总结了大气、生物多样性、沿海和海洋环境、森林、淡水、土地的现状，相应政策分析。 应用 DPSTR（Divers-Pressures-State and Trends-Responses-Impacts）分析模型，识别非洲发展面临的新挑战，通过不同的情景分析，描述不同的政策选择将如何塑造非洲环境的未来
2012 年 2 月	《非洲环境展望 3：我们的环境，我们的健康》	报告旨在解决威胁人类健康的主要环境风险，规划可持续未来，统计了有关空气质量、生物多样性、化学品和垃圾、气候变化、清洁水和卫生、土地的数据。据统计，非洲 28%以上的疾病由环境风险导致。 对现有非洲国家的环境政策执行情况进行评估，提供了关键信息和政策建议，主要包括： 有效减少室内空气污染，需要重新思考国家的电气化项目，加快推进利用改进的技术和清洁能源替代自然资源； 以社区为基础的自然资源管理和生态系统服务的补偿应该按照比例加强保护生物多样性，提供食物或药用植物的服务； 加快推进巴塞尔公约、斯德哥尔摩公约和巴马科公约，包括在国家立法中，加入有关电子废弃物的问题的本地化处理和实施进程；将与气候相关的科学研究发现纳入决策之中，建立适应能力，以及加强早期预警系统，防备和响应； 评估是否适合改变土地用途，减少大规模的土地收购，提高土地生产率和有效利用水资源技术，促进可持续的土地管理和促进粮食增产和营养安全等

3.2 美国与非洲的环境合作

美国对非援助由来已久，自1949年美国杜鲁门（Harry S. Truman）政府出台《第四点计划》（Point Four Program，即《技术援助和开发落后地区的计划》）之时，非洲就被列为美国重点援助对象。美国对外援助总额占美国联邦总预算比例不到1%，却覆盖了世界上100多个国家。美国对非援助具有“项目时间跨度大（基本都是四年以上的有效期）、涉及部门多（充分调动美国国家部门间的合作、与基金会的合作以及与国际组织的合作）、对全球性问题的关注度上升”等特点。就环境领域而言，美国设有专项的基本环境保护援助资金，用于推动非洲国家的生物多样性保护、发展可持续生产与清洁环境和应对气候变化等。2011年美国仅对肯尼亚、卢旺达、埃塞俄比亚三国进行双边生物多样性援助项目就达到了1 000多万美元。

表3-3 美国对非援助中与环境相关的重要援助领域及项目

领域	重要援助项目
水资源利用	《贫穷地区水行动计划》（*Water For Poor Initiative*），该计划旨在帮助非洲等贫穷地区获取清洁饮用水和卫生服务、改善流域管理和提高水的生产能力
能源利用	美国国际开发署、能源部、环境保护局共同管理和实施“清洁能源倡议”（Clean Energy Initiative，包括“全球乡村能源合作伙伴项目”、“可持续发展能源效率”、“健康住宅和社区”三个项目），致力于为非洲和其他地区的发展中国家的数百万人提供廉价、可靠、清洁、健康、高效的能源供应
生态环境保护	《刚果盆地森林伙伴计划》（*Congo Basin Forest Partnership*，CBFP）中的《中部非洲地区环境项目》（*Central African Regional Program for Environment*，CARPE），该计划目的在于保护刚果盆地生物的多样性和实现可持续发展，以改善非洲的森林和自然资源管理为目标[①]

美国对非环境援助具有如下特点：

首先，对非环境援助涉及领域广泛，强调对外宣传。

美国对外援助的具体执行机构为美国国际开发署（U.S. Agency for International

---

①《美非科技交往关系的依托机制》，http://www.siis.org.cn/index.php?m=content&c=index&a=show&catid=77&id=420。

Development，USAID）。该机构的援助项目涉及农业、经济增长与贸易、教育与大学、环境、健康、科技等领域。在环境领域，美国国际开发署重点关注土地租赁政策与资源产权、防治荒漠化与植树造林、生物多样性保护、气候变化缓解及应对，并将美国在各援助领域示范项目的成果量化为数字发布于其网站，简明且具有说服力。根据对其网站资料统计，2011 年美国对非环境援助重点项目如表 3-4 所示。

表 3-4 2011 年美国国际开发署对非环境援助重点项目

受援国	援助数额/10^6美元	美国国际开发署关注的受援国环境问题	援助成果
埃塞俄比亚	2.5	抗旱能力差，受 2011 年东北非干旱影响，450 万人急需粮食援助	累计 46 880 h 的应对气候变化培训；对 3 323 hm^2 土地进行了自然资源管理优化；1 885 人次在经济上受惠于可持续自然资源管理和保护；执行了 4 项可持续自然资源管理相关政策法规；发展了 3 项旨在减少自然资源引发的潜在暴力冲突倡议机制等
加纳	1.8	农业和渔业人口缺乏应对经济和生态危机的适应能力	400 人次接受可持续自然资源管理及生物多样性保护培训；对 240 hm^2 土地进行了自然资源管理优化；执行了 3 项可持续自然资源管理相关政策法规
肯尼亚	6.9	多达 80%人口工作于农业或牧业部门，对自然资源依赖严重	对 753 176 hm^2 土地进行了自然资源管理优化；减少或隔离了 136 444 t 温室气体排放；36 148 人次接受可持续自然资源管理及生物多样性保护培训；24 431 人次在经济上受惠于可持续自然资源管理和保护；执行了 739 项可持续自然资源管理相关政策法规等
莫桑比克	1.6	受气候变化影响，预计到 2075 年降雨量将减少 2%～9%，对当地 11—5 月的农作物生长期影响尤为明显	对 81.79 万 hm^2 土地进行了自然资源管理优化；19 822 人次接受可持续自然资源管理及生物多样性保护培训；执行了 4 项可持续自然资源管理相关政策法规
卢旺达	1.5	气候变化将对依靠降水发展种植业的农业人口的生计产生严重影响，而这部分农业人口占卢旺达总人口大多数	对 3 316 hm^2 土地进行了自然资源管理优化；266 人次接受可持续自然资源管理及生物多样性保护培训；对 22 人次进行了应对气候变化相关培训；执行了 1 项可持续自然资源管理相关政策法规

受援国	援助数额/10^6美元	美国国际开发署关注的受援国环境问题	援助成果
南苏丹	4.6	博马琼莱地区（Boma-Jonglei landscape）是世界第二大野生动物迁移地	对 380 万 hm^2 土地进行了自然资源管理优化；2 748 人次在经济上受惠于可持续自然资源管理和保护
坦桑尼亚	4.1	2011 年 71 168 人次受惠于环境保护，收入增长	对 458 980 hm^2 土地进行了自然资源管理优化；71 168 人次在经济上受惠于可持续自然资源管理和保护；11 367 人次接受可持续自然资源管理及生物多样性保护培训；7 527 人次执行了风险降低计划以提高应对气候变化能力；执行了 81 项可持续自然资源管理相关政策法规；21 所机构提升了应对气候变化的能力；启动了 2 项气候脆弱性评估
乌干达	3.5	非洲农村人口密度最大的国家之一，温饱型农业人口多达 3 560 万人，缺乏应对气候变化能力	对 399 205 hm^2 土地进行了自然资源管理优化；减少或隔离了 457 714 t 温室气体排放；5 840 人次接受可持续自然资源管理及生物多样性保护培训；1 543 人次在经济上受惠于可持续自然资源管理和保护；执行了 11 项可持续自然资源管理相关政策法规等

资料来源：美国国际开发署网站，访问时间：2013 年 7 月 22 日。

其次，注重在对外援助计划中设立独立的环境准则。

2003 年，美国国会通过了《千年挑战法》。该法案旨在通过向发展中国家提供可持续的发展援助项目，进而实现全球范围的减贫和联合国的千年发展目标。2004 年，布什政府依据《千年挑战法》创建了对外减贫和发展援助的“千年挑战账户”（Millennium Challenge Account，MCA），并成立了国有的“千年挑战公司”（Millennium Challenge Corporation，MCC），负责受援国的资格考核和项目的落实执行。2004 年 5 月美国国务院宣布，美国从 63 个候选国家中选定了 16 个，[①]作为第一批有资格从美国设立的千年挑战账户计划中申请资金援助的国家。美国提出，千年挑战账户的主要目的是帮助世界减贫，账户旨在向那些公正治国、投资于人民并提倡经济自由的国家提供赠款，以鼓励所有发展中国家都推行健全的经济和社会政策。美国为申请国确定的三个标准是：公平施政、投资人民和鼓励经济自由。该项目要求受援国政府统治公正，造福人民，鼓励经济自由，控制腐败，

① 这 16 个国家分别是亚美尼亚、贝宁、玻利维亚、佛得角、格鲁吉亚、加纳、洪都拉斯、莱索托、马达加斯加、马里、蒙古、莫桑比克、尼加拉瓜、塞内加尔、斯里兰卡以及瓦努阿图。

并参照“自由之家”、世界银行、世界卫生组织、传统基金会等机构的统计数据制定了17项指标来确定受援国。[①]美国国会在2004年财政年度预算中批准为该账户拨款10亿美元。在2005年财政预算中，布什要求国会再拨款25亿美元，并从2006年开始，要求国会每年拨款50亿美元用于支持千年挑战账户计划。

在美国千年挑战计划的受援国当中，非洲国家居多，援助项目主要包括农业、交通、医疗卫生、电力、水坝、港口信息化建设等科技项目领域。[②]美国在千年挑战账户援助计划设有独立的环境准则，[③]目的是保证千年挑战账户的援助项目不对受援国造成负面的环境和社会影响。这份环境准则参考了国际影响评估协会（International Association for Impact Assessment，IAIA）的环境影响评价最佳实践原则、美国政府其他发展援助实体制定的环境准则、多边开发银行的环境与社会政策、OECD 对出口信贷进行环境与社会影响尽职调查的共同方案（OECD Common Approaches）以及赤道原则。在2003年通过的《千年挑战法案》第605（e）（3）款规定，千年挑战公司禁止援助可能引起严重环境、健康和安全危害的项目。千年挑战公司承诺项目的各个阶段都将有东道国的公众参与，项目的环境与社会影响评价报告将征询各方意见并保证相关文件的及时公开，同时东道国也对管理项目的环境和社会风险负有责任。

3.3 德国与非洲的环境合作

德国是世界上主要发达国家之一。据经合组织统计，2007年德国对外援助总额超过法国、英国和日本成为继美国之后的世界第二大对外援助国。[④]2011年德国官方对外援助总额为145.33亿美元，仍保持继美国之后世界第二大对外援助国位置。

---

① 这些指标又分为三大类：“公正统治”包括政治权利、公民自由、腐败控制、有效治理、法治、负责任的政府；“予民福祉”包括免疫比例、医疗卫生、初级教育、女孩完成初级教育比例；“经济自由”包括监管质量、开办企业的成本、开办企业的时间、贸易政策、通货膨胀、财政政策。见《学者称中国援助非洲不附加政治条件体现真诚态度》，中国新闻网，http://www.chinanews.com/gn/2011/06-21/3124697.shtml。

②《美非科技交往关系的依托机制》，http://www.siis.org.cn/index.php?m=content&c=index&a=show&catid=77&id=420。

③ 《美国千年挑战计划环境指导方针》见附录，Environmental Guidelines, the Millennium Challenge Corporation, http://www.mcc.gov/pages/about/policy/environmental-guidelines。

④《德国成为世界第二大对外援助国》，中华人民共和国商务部网站，2008年4月9日，http://www.mofcom.gov.cn/article/i/jyjl/m/200804/20080405469312.shtml。

德国发展援助始于 1952 年德国正式参加联合国的扩展援助计划（Extended Assistance Scheme，即联合国开发计划署前身）。1961 年，德国联邦政府设立了欧洲各国政府中第一个专门从事对外援助和发展合作的内阁部门——经济合作与发展部（BMZ，简称经合部），主管德国发展合作暨对外援助事务。而德国最主要的发展合作项目暨对外援助执行机构是德国国际合作机构（GIZ），它是一个在全世界范围内致力于可持续发展国际合作的联邦企业。

20 世纪 90 年代以来德国开始涉足环境和可持续发展援助。环境和气候变化是德国发展合作暨对外援助的重点关注领域，帮助发展中国家提升应对气候变化的能力是德国自身气候政策框架的一个组成部分。德国已在其国家环境与气候变化综合战略框架中强调了帮助发展中国家应对气候变化重要性，并在为加强应对气候变化的部际合作中写入了国际层面的内容。2009 年 9 月，联邦政府在强调其未来与发展中国家发展合作项目的重点领域中，列入了环境、自然资源和气候变化。[①] 2010 年 BMZ 又将环境保护和全球可持续发展列为其发展政策的核心目标，并希望通过与伙伴国家的双边发展合作和参与国际环境公约的方式实现其目标。目前，德国环境和气候变化相关 ODA 所涉项目和地域广泛多样，重点关注伙伴国尤其是最不发达国家的发展能力建设，未来德国还计划进一步帮助伙伴国在国家战略、预算制定和多部门合作诸方面突出环境的重要地位。

从区域视角看，GIZ 全球项目援助的地区主要分为非洲、亚洲、欧洲、北美洲、中美洲、南美洲几个大区。2002—2011 年德国对非洲部分发展中国家官方环境专项实际援助额前五位见表 3-5。

表 3-5　2002—2011 年德国对非洲官方环境专项实际援助额[②]　　单位：10^6 美元

国家	2002	2003	2004	2005	2006	2007	2008	2009	2010	2011
刚果（金）	0.5	1.5	1.2	0.2	0.0	……	3.8	3.2	8.9	13.2
马达加斯加	0.9	2.0	1.4	4.1	3.9	5.7	7.6	7.7	6.1	10.9
撒哈拉以南区域	0.8	0.8	8.1	9.9	11.2	10.2	13.6	17.4	6.4	8.8
摩洛哥	0.7	3.0	2.1	2.1	3.1	4.2	5.8	6.8	6.6	6.0
南非	0.7	0.9	0.7	0.9	0.9	1.0	4.2	3.1	1.7	4.4

① *GERMANY*，*Development Assistance Committee (DAC) Peer Review 2010*，p.29.

② 按 2011 年前五位排名列出，即期数额。

目前，德国对非洲援助的具体领域主要为和平与安全、政府治理改善、基础建设和农业，环境和自然资源保护也是德国对非洲提供援助的重要领域。在这一领域，德国分别在次区域和国别层次开展对非援助。

现阶段 GIZ 在非洲的次区域层次环境援助项目主要有五个：南部非洲发展共同体自然资源跨国利用和保护（南部非洲发展共同体成员国）、南部非洲发展共同体“REDD”MRV 系统发展（南部非洲发展共同体成员国）、废物循环利用合作（跨区域项目，非洲试点为莫桑比克）、地中海地区可持续污水处理及再利用示范行动网络（约旦、埃及、摩洛哥、突尼斯，BMZ 与欧盟共同委托）、中东和北非应对气候变化森林政策框架（摩洛哥、阿尔及利亚、突尼斯、叙利亚、黎巴嫩、土耳其）。除在次区域层次对上述非洲国家提供环境援助外，GIZ 在非洲还开展一些国别层次的项目，如阿尔及利亚的整体环境管理项目、喀麦隆自然资源可持续管理项目等。

专栏 3-1　案例 1：GIZ 为突尼斯提供环境政策建议

环境问题不是孤立的政策领域，需要放在整体的政府政策体系中加以综合考虑，这是德国环境对外援助所秉持的一贯思路。为此，德国环境对外援助特别关注协调受援国环境政策与社会公平和经济发展的关系，以在政策层面提高其统筹环境、社会、经济三方面综合发展的能力。德国政府的援外合作执行机构在提供环境政策建议方面有着超过 20 年的丰富经验，致力于推动受援国环境政策与社会政策和经济政策的有效统合，为受援国的制度架构改革提供建议，加强受援国政府、商界和社会在环境、社会、经济问题上的对话和协商。德国对受援国提供的环境方面政策建议可分为区域环境政策、国家环境政策、地方环境政策几个层次，意味着德国不仅关注受援国国家整体环境政策的制定，同时注重如何使受援国国家环境政策与区域整体环境战略相协调，以及如何使国家层次环境政策转化为地方环境政策并得到落实。其环境政策建议一般涵盖以下几个方面：环境行政体系的建立或革新；生态金融和税制改革；战略环境评价和环境影响评价；环境冲突的调解和预防。[①]GIZ 对突尼斯的环境援助即是一例。

① GIZ 官网网站，http://www.giz.de/en/downloads/giz2011-en-environmental-policy.pdf。

突尼斯在环境领域面临诸多问题，过去 10 年持续的经济发展导致突尼斯自然资源加速消耗，污染问题日益严峻。德国通过 GIZ 所支持的德国—突尼斯环境项目为突尼斯提供环境政策建议，旨在提升环境问题在突尼斯社会和经济发展中的关注度，推动环境保护上升为地方和国家层次的政治目标。现阶段已取得的成效包括：推动突尼斯首次在各界广泛参与和跨学科研究的基础上起草地区发展计划，并将环境问题放在显要位置；将可持续发展指标写入国家关键经济领域；将完善环境立法纳入国家议程；促进私人领域参与公共环境服务的提供。德国方面为这一环境项目提供了大量技术和行政管理方面的建议，涉及污染预防、综合废物管理、环境信息交流、促进政府部门和公众环境意识的提高。作为德国经合部的项目委托执行机构，GIZ 不仅向突尼斯环境管理相关部委提供了战略规划和工作协调方面的建议，还就环保措施的实施提供了参考意见，以促进地方政府环保工作管理系统的整合。①

专栏 3-2 案例 2：对刚果（金）环境援助

表 3-6 2011 年德国对刚果（金）环境专项援助项目及实际援助额②

单位：10^6 美元

委托机构	援助类别	项目名称	项目类别	援助额
BMZ	项目型介入	生物多样性保护和森林管理	生物多样性	7.756 735
Fed.Min.	项目型介入	Ngiri 三角综合保护计划	生物多样性	0.288 775
Fed.Min.	项目型介入	Ngiri 三角综合保护计划 II	生物多样性	0.322 892
BMZ	项目型介入	可持续自然资源管理	生物多样性	4.291 835
Fed.Min.	项目型介入	刚果（金）保护区网络修正扩展评价	生物多样性	0.191 417
BMZ	项目型介入	Maiko 国家公园自然资源保护管理支持	生物多样性	0.366 858
BMZ	其他技术援助	刚果盆地森林地区规划管理能力强化	环境政策和行政管理	0.024 275
BMZ	其他技术援助	西撒哈拉/撒哈拉以南非洲水资源管理区域机制能力强化	环境教育培训	0.005 007

① GIZ 官网网站，http://www.giz.de/en/downloads/giz2011-en-environmental-policy.pdf。

② 即期价格。

自 1978 年以来，GIZ 代表 GMZ 在刚果（金）设立办公室并进行援助活动。1994 年德国援助曾一度因为当地内战而中止，2002 年随着欧盟与刚果（金）合作得以恢复，德国的援助也随之恢复。目前有将近 200 名人员服务于 GIZ 刚果（金）项目。

2008 年 12 月，第一次德国—刚果（金）政府协商计划将帮助刚果（金）政府加强小额信贷、保护生物多样性和自然资源可持续管理、水务部门改革提上日程。目前由 GIZ 在当地执行的环境相关援助项目包括：刚果流域跨境水管理、水务部门改革、城市卫生基础设施恢复、生物多样性保护和可持续森林管理等。其中生物多样性保护和可持续森林管理项目是 2011 年环境专项类项目中德国投入最大的，计划期为 2005—2013 年，项目合作执行机构为刚果（金）环境、自然保护和旅游部，以下对该项目予以介绍。

刚果（金）拥有非洲最大未经破坏的热带森林，被誉为非洲绿肺，对生物多样性和气候调节有着重要作用。然而部分刚果（金）森林遭受着地区暴力冲突、非法原木运输和采矿业的威胁，而负责环境和自然资源保护的政府部门对森林保护的力度和能力都明显不足。GIZ 致力于在不同层次推动刚果（金）森林保护：在区域层次，GIZ 推动刚果（金）森林保护与中非森林委员会框架的整合；在中央政府层次，GIZ 支持环境部在国家环境保护和森林政策的执行，提供技术、组织和资金咨询建议。项目还基于可持续森林管理原则，推动森林管理委员会（FSC）森林许可制度的引入。

在 GIZ 的援助下，当地人民逐渐接受并认识到国家公园在森林保护方面的重要作用。计划帮助培训了 70 位森林工程师，超过 600 名政府系统员工。2009 年在项目的推动下，刚果（金）政府正式批准中非森林委员会协议，标志着德国—刚果（金）森林保护援助项目在政治层次取得重大进展。①

① GIZ 官网网站，http://www.giz.de/themen/en/16089.htm.

专栏 3-3　案例 3：对马达加斯加环境援助

表 3-7　2011 年德国对马达加斯加环境专项援助项目及实际援助额[①]

单位：10^6 美元

委托机构	援助类别	项目名称	项目类别	援助额
BMZ	一揽子资助	马达加斯加空气和生物多样性保护的资金支持	生物多样性	6.256 952
BMZ	项目型介入	自然资源保护和可持续利用项目	环境政策和行政管理	0.032 924
BMZ	项目型介入	环境行动计划	生物多样性	0.225 309
BMZ	项目型介入	国家公园投资基金	生物多样性	1.720 738
BMZ	项目型介入	自然资源保护和可持续利用合作项目	环境政策和行政管理	2.298 414
BMZ	项目型介入	环境行动计划Ⅳ	环境教育培训	0.098 443
BMZ	项目型介入	环境行动计划 III	生物多样性	0.254 813
BMZ	一揽子资助	马达加斯加空气和生物多样性保护的资金支持	生物多样性	6.256 952

从 1982 年开始，GIZ 就代表 BMZ 在马达加斯加进行援助活动。目前德国在马达加斯加共有 29 名专家，其中 5 名为德国籍专家。

马达加斯加是世界上受气候变化影响最为严重的国家之一，频繁的飓风不仅导致农业严重减产，也对国家基础设施造成严重损毁。由于贫困、低下的农业生产率和对传统木柴燃料的依赖，马达加斯加在环境政策执行与自然资源保护和可持续利用方面面临诸多挑战。自从环境项目开展以来，在马达加斯加岛北部和西南部超过 7 000 hm^2 土地已经重新被森林覆盖。GIZ 还支持了覆盖共计超过 270 000 hm^2 的新自然保护区的建立。在机构改革方面，GIZ 帮助马达加斯加 30 多个市发展土地使用规划相关的人力资源储备和机构能力，旨在最终将 95 000 hm^2 森林的管理责任下放到地方使用者手中。

在德国马达加斯加环境项目（German-Madagascan environmental programme，PGM-E）中，发展木柴能源价值链子项目是一个亮点。GIZ 以村镇一级的个人造林计划带动地区造林计划的发展，在项目中，小农户在提高木材使用效率方面接受培训，木炭生产者在提高生产技术方面接受指导，农户对土地的使用权会得到地方政府的保障，以激励农户（大部分为妇女）增加对能源林的投入，目前当地能源林采伐更替年限可达 7 年。

① 即期价格。

通过推行以上措施，项目帮助保护了 49 000 hm^2 自然林，可吸收二氧化碳量折合 2 050 万 t。参与项目的农户平均拥有能源林 3 hm^2，这足以保证他们在至少 27 年的时间里平均每年生产 2.6 t 木炭，对农村地区来说，这意味着农户收入可提高 40%。此外，作为项目一部分的炉灶改进计划的引入已有效降低了部分城市居民木炭的消耗量。目前 4 000 户（约相当于 20 000 人）正在使用节能炉灶，实现木炭节约 600 t/a。

3.4 法国与非洲的环境合作

法国是世界上主要的对外发展援助国之一。以对外援助预算额计，法国是世界第四大对外发展援助国，每年在援外领域贡献将近 100 亿欧元（2011 年援外数字为 93.48 亿欧元）。以对外援助额占国民总收入比例计，法国则是世界第二大对外援助国，其国家对外援助额占法国国民总收入的 0.46%。

法国开发署（Agence Française de Développement，AFD）是法国对外援助的主要管理和执行机构。机构前身是戴高乐将军在 1941 年流亡英国时建立的"自由法国中央基金"。随着法国殖民地的独立，该机构历经从负责海外领地经济事务到向贫困国家提供对外援助的职能转变。法国全球环境基金（French Global Environment Facility/Fonds Français pour l'Environnement Mondia，FFEM）是法国对外环境援助的主要执行机构，其秘书处设于法国开发署。该机构的整体目标是促进发展中国家和经济转型国家采取和实施与我们保护地球长远的生态平衡相符的、可持续的和负责任的发展战略、规划和项目。其具体目标是通过赠款的方式，对世界环境有显著和可持续影响的发展项目提供资金支持（如生物多样性、温室效应、国际水资源、臭氧层、土壤退化、持久性有机污染物等）。①

环境保护和气候变化是法国对外援助的重点领域之一。近年来，法国政府把提供全球公共物品、生物多样性保护，防治流行性疾病以及气候变化作为其对外援助的主要内容。2013 年 3 月 1 日，法国总统奥朗德在发展与国际团结大会（Conferences on Development and International Solidarity）闭幕式上表示，未来法

① 法国开发署中文网站，http://www.afd.fr/lang/zh_CN/home/pays/asie/geo-asie/chine/ffem-cn。

国对外援助行动将强调三个重点：一是受援国经济发展需求，二是受援国发展所需要的安全的政治和社会环境，三是对外援助需与环境保护和应对气候变化目标相契合。当前，法国开发署已将可再生能源定位为其对外援助的重点领域，并将终止向火电等与环境目标不相符的部门提供援助。

法国对非环境援助具有如下特点：

第一，将非洲列为对外援助首要目标地区，通过援助实现法非关系从依附到伙伴的转变。

由于历史上的联系和地理上的毗邻，非洲一直是法国对外援助的首要目标地区，对非援助占法国对外援助总额的55%，其中仅撒哈拉以南非洲就占到41%。[①]2004 年，作为落实《京都议定书》的一项具体行动，法国在南非开始了第一个与环保有关的援助计划：将 600 万欧元给予德特克温尼市政府，用于从垃圾中回收甲烷气体的计划。2004 年，法国开发署与基础设施金融公司合作给予南非一些重要市政府 10～15 年的贷款，总额达 4 000 万欧元。2004 年与 2005 年法国开发署给予南非的援助总额分别为 1.007 亿欧元和 1.3 亿欧元。以 2005 年的主要项目为例，法国对南非的 3 个项目即索韦托地区的饮用水供应及另外两个分属基础设施与城市发展和生产部门的社会住房各提供4 000万欧元的援助，共计 1.2 亿欧元。法国开发署还加强了与埃及和肯尼亚的关系，制定了尼罗河流域的长期援助项目，对尼罗河盆地综合治理、水利大坝修建，以及水资源合理分配等项目进行援助。由希拉克总统确定的法非新伙伴关系在 21 世纪以伙伴框架文件的形式正式确定。2001 年 1 月，第 21 届法非首脑会议在雅温得举行。会议主题是面对全球化挑战的非洲。2004 年 7 月，法国的国际合作与发展部际委员会决定设立 30 个伙伴框架文件，目的是通过加强法国对实现联合国千年发展目标。[②]

2011 年，法国外交和欧洲事务部全球化、发展与合作总司发布《发展合作：一种法国视野》框架文件。文件首先重新确认了非洲和地中海在法国发展合作布局中的首要地位，并明确了在全球化浪潮下法国对外合作政策所面临的四大战略性挑战，其中如何在发展中国家推进可持续增长被列为首要挑战。为应对这一挑战，框架提出要进一步在法国对外发展合作中统筹经济、社会、环境要素。在这一框架文

① Official Development Assistance, France Diplomatie website, http://www.diplomatie.gouv.fr/en/global-issues/development-assistance/institutions-and-issues-of/official-development-assistance/。

② 李安山：《浅析法国对非洲援助的历史与现状》，载《西亚非洲》，2009 年第 11 期，第 13 页。

件指导下，在可预见的将来法国对非环境援助投入将呈继续增长态势。通过对法国援助机构发展演变的梳理和对法非关系发展历史轨迹与现状特点的评述，有学者认为法国通过援助，令法非关系已实现了从依附关系到伙伴关系的转变。[①]

第二，近年来法国对非环境援助的发展趋势。

（1）引入创新型金融工具

在环境合作的具体形式上，法国开始尝试将创新型金融工具纳入其对外环境合作的实现选项，试图探索通过市场机制和经济手段解决发展中国家环境问题的途径。2010年法国开发署在马达加斯加、刚果河流域以及莫桑比克设立生物多样性保护信托基金，以平衡大规模采矿和基建工程对当地生态环境的影响。

（2）拓展多层次的环境合作

法国在环境合作中也不仅仅关注政府层次，2003年开始，法国开发署与欧盟委员会和联合国工业发展组织一道在塞内加尔支持企业升级计划（Enterprise upgrading programme），旨在帮助企业通过降低能源消耗节约成本，提升竞争力，同时达到削减碳排放和减少污染物的目标。项目由向塞内加尔提供的优惠性贷款支持，再由塞内加尔政府通过给予相关企业优惠利率影响企业投资和经营。

（3）由企业联合会推动法国企业提升环境标准，作为增强其国际竞争力的手段

在2011年法非峰会上，由法国企业联合会大力推动的《在非企业宪章》（*Charter of Entrepreneur in Africa*）获得通过。这一文件旨在提升在非法国企业经营的社会和环境标准，其目的是为了借由对社会和环境议题的强调，在非洲精英和国际社会中赢得信誉，同时对其主要竞争对手——在法中国企业形成压力，迫使中国企业提高自身社会环境标准，进而达到促使中国企业提高成本，提高法国企业在非洲相对竞争力的目的。有研究称，由于项目报价低，一些中国公司在有法国提供资金支持的喀麦隆、肯尼亚和坦桑尼亚的基础建设项目中成为最后的中标者，致使目前法国开发署对非援助的7%最终受益者是中国公司。为此，法国开发署已经开始逐渐将资助重点从中国公司优势明显的大型基础设施项目转移到法国企业更加具有竞争力的水处理和卫生设施建设、新能源以及农业项目上来。然而2010年法国开发署委托的一项研究却显示，尽管未硬性指定项目合作方的援助的确令一些中国建筑企业受惠，但援助的主要受惠者还是法国私营企业，其受益占到总比例的25%；同时法国企业也从其他国家资助的开放投标项目中得益不少。

① 李安山：《浅析法国对非洲援助的历史与现状》，载《西亚非洲》，2009年第11期，第13页。

3.5 英国与非洲的环境合作

（1）非洲取代亚洲成为英国投入环境援助最多的地区

在英国对外援助的版图中，非洲占有重要位置。在 2007 年 8 月—2009 年 10 月，接受英国国际开发署双边援助最多的前 20 位受援国中，非洲国家占到其中的 13 个。[①]然而，近年来由于诸种原因，英国对非援助出现减少趋势。在 2013 年 6 月 25 日英国《卫报》的一篇报道指出，英国对撒哈拉以南非洲的援助已急剧减少。2012 年英国对非洲的官方发展援助为 34.1 亿英镑，下降了 7.4%；其中对撒哈拉以南非洲的援助为 30.7 亿英镑，降幅达 9.8%。

目前英国国内正计划在 2015—2016 财年将政府开支削减至 115 亿英镑，在英国外交部、内政部、国防部开支将提升的情况下，预计英国国际开发署的开支将被进一步缩减。[②]然而在 2013 年 3 月英国财政大臣奥斯本的预算报告中指出，非洲未来将继续作为英国最大的对外援助受惠地区。在对外环境援助领域，根据 2007—2011 年数据，在英国双边环境援助的受援地区中，非洲获得援助的数额年增长比例是最高的，2011 年非洲更是取代亚洲成为英国投入环境援助最多的地区。2004—2011 年，撒哈拉以南非洲中接受英国援助最多的 5 个国家分别是尼日利亚、埃塞俄比亚、刚果民主共和国、坦桑尼亚和苏丹。

（2）通过多边机构对非援助额呈减少趋势，而对非双边援助在上升

从援助渠道角度看，目前英国出现提高双边援助比重的结构转型。2012 年英国对非洲援助下降的主要原因是英国通过多边机构提供给非洲的援助额出现明显减少，而英国对非洲国家的双边援助却在上升，2013 年将占到英国对非洲援助总额的 1/4。目前英国总体上对多边机构的效率和行动价值有所怀疑。2011 年 6 月，从属于英国议会下议院的环境审计委员会（Environmental Audit Committee）就因

---

① 2007 年 8 月及 2008 年 9 月统计的前 20 位受援国中的 13 个非洲国家包括：埃塞俄比亚、苏丹、坦桑尼亚、加纳、尼日利亚、刚果民主共和国、乌干达、马拉维、莫桑比克、塞拉利昂、卢旺达、肯尼亚和津巴布韦，排名有变动。2009 年 10 月统计结果中赞比亚取代塞拉利昂位列前 20。Top Twenty Recipients DFID Bilateral Aid 2007/08-2009/10，UK Department for International Development website, https://www.gov.uk/government/publications/dfid-statistics-on-international-development-2010-top-twenty-recipients-dfid-bilateral-aid-200708-200910.

② UK aid to Africa falls sharply, the Guardian, http://www.theguardian.com/global-development/2013/jun/25/ uk-aid-africa-falls-sharply.

世界银行资助化石燃料发电项目而呼吁国际开发署应利用其作为世界银行主要出资者的身份促进世界银行项目的气候智能化（Climate Smart），并据此认为世界银行不是英国未来通过气候金融推行低碳目标的适合渠道，英国对外环境援助逐渐出现了倾向于采取双边形式的趋势。

表 3-8 2007—2011 年英国国际开发署双边环境项目援助支出

年份	双边项目援助总额/10^3 英镑	援助地区				
		非洲	亚洲	欧洲	美洲	太平洋地区
2007	37 738	8 039	19 398	656	2 010	28
2008	60 536	15 155	19 539	1 047	3 449	—
2009	99 344	19 961	30 784	816	3 239	—
2010	135 226	26 214	29 599	—	3 838	—
2011	217 304	42 776	26 934	—	5 526	—

资料来源：根据 DFID Bilateral Expenditure by Broad Sector and Region 2007/08—2011/12 整理。

4 中非环境合作的现状与挑战

4.1 中非环境合作的现状

4.1.1 中非合作论坛框架下的环境合作

2000 年 10 月召开的中非合作论坛是中非关系的新起点，也是中非环保合作进入实质性阶段的开端。目前，中非合作论坛已成为新形势下中非集体对话与务实合作的有效机制，也是中非环保合作的重要平台。中国政府高度重视中非论坛后续行动的落实工作，专门成立了由 27 家部委组成的中方后续行动委员会[①]，环境保护部是中方后续行动委员会成员单位。可以说，中非合作论坛为中非环保合作确定了重点合作领域和原则。中非合作论坛文件中涉及环境保护的内容整理如下。

2000 年 10 月，在中非合作论坛第一届部长级会议通过的《中非经济和社会发展合作纲领》中，双方表示信守各种环保公约的主要内容，承诺进一步加强合作，将环境管理与国家发展相结合。为此，中国和非洲承诺在所有有关环境管理的领域进行合作，包括污染控制、生物多样性保护、森林生态体系保护、渔业和野生动物管理，以确保经济发展和可持续人力资源开发。

2003 年 12 月，在中非合作论坛第二届部长级会议通过的《亚的斯亚贝巴行动计划》中，双方保证所有合作项目都要遵守环境保护的原则，实施合作项目的

---

① 中非合作论坛中方后续行动委员会成员单位分别是：外交部、商务部、财政部、中共中央对外联络部、国家发展和改革委员会、教育部、科学技术部、国土资源部、环境保护部、交通部、工信部、农业部、文化部、卫生部、中国人民银行、中非发展基金、海关总署、国家税务总局、国家质检总局、国家广电总局、国家旅游局、国务院新闻办公室、中国国际贸易促进委员会、共青团中央、中国银行、中国进出口银行、北京市人民政府。

企业应制定具体的环保及森林开发计划。

2006 年 11 月，中非合作论坛北京峰会通过了《中非合作论坛北京峰会宣言》和《中非合作论坛北京行动计划（2007—2009 年）》两个政治文件，为进一步密切中非伙伴关系和中非全面合作注入了新的活力。在《中非合作论坛北京行动计划（2007—2009 年）》中，中国政府高度重视在合作中帮助非洲国家将能源、资源优势转变为发展优势，保护当地生态环境，促进当地经济社会的可持续发展。关于环境保护问题，该计划指出，充分意识到环境保护对双方实现可持续发展的重要意义，决心加强双方环保领域对话、交流及人力资源开发合作，之后 3 年内中国将逐年增加培训非洲国家环境管理人员和专家的数量，促进双方与联合国环境规划署开展多边环保合作，同意推动双方在能力建设、水污染和荒漠化防治、生物多样性保护、环保产业和环境示范项目等领域的合作。

2009 年，中非合作论坛第四届部长级会议在埃及沙姆沙伊赫举行，会议通过了《中非合作论坛沙姆沙伊赫宣言》和《中非合作论坛——沙姆沙伊赫行动计划（2010—2012 年）》，指明了中非关系的发展方向。《行动计划》中指出，中方将加强与非洲国家在环境监测领域的合作，继续将地球资源卫星数据与非洲国家共享，促进其在非洲国家环境保护领域的应用。中方承诺，将加强与非洲在清洁能源开发利用和卫生用水合作，帮助非洲国家提高适应气候变化、保护环境、保障人民用水安全的能力。时任中国国务院总理温家宝也在会上强调，中国将把帮助非洲发展绿色经济、实现可持续发展作为中非合作首要项目。

2012 年 7 月，中非合作论坛第五届部长级会议在北京召开。会议以“继往开来，开创中非新型战略伙伴关系新局面”为主题展开讨论，通过了《中非合作论坛第五届部长级会议——北京宣言》和《中非合作论坛——北京行动计划（2013—2015 年）》两个成果文件，全面规划了未来三年中非在各个领域的合作，为中非关系进一步深入发展奠定更加坚实的基础。《行动计划》指出，中方将帮助非洲国家加强气象基础设施能力建设和森林保护与管理，并将在防灾减灾、荒漠化治理、生态保护、环境管理等领域加大对非洲的援助和培训力度；加强与非洲国家在环境监测领域的合作，积极分享空间技术减灾应用经验，适时开展旱灾遥感监测技术交流与合作，提升旱灾监测能力；中方承诺将继续采取措施，帮助非洲国家提高适应和减缓气候变化影响以及可持续发展能力。胡锦涛主席代表中国政府宣布了中方未来三年在投资、援助、非洲一体化、民间交流与和平安全等五大重点领域对非合作新举措，得到非方的高度赞赏和热烈欢迎。非方认为，有关新举措表明中方认真倾听了非洲国家的呼吁和要求，必将推动中非新型战略伙伴关系取得更大的进步和发展。

表 4-1 中非合作论坛文件中涉及环境保护的内容

中非合作论坛部长级会议	时间	地点	通过文件	涉及环境保护的内容
第一届部长级会议	2000 年 10 月 10—12 日	北京	中非合作论坛北京宣言	决定在本次论坛会议通过的《北京宣言》和《中非经济和社会发展合作纲领》的原则基础上，大力推动中非在经贸、金融、农业、医疗卫生、科技、文化、教育、人力资源开发、交通运输、环境、旅游等领域的合作，促进中非共同发展
			中非经济和社会发展合作纲领	16. 环境管理和生物多样性 16.1 部长们支持旨在环境管理和可持续人力开发方面的国际努力。双方表示信守各种环保公约的主要内容，承诺进一步加强合作，共同参与者能力建设，以使环境管理与国家发展相结合。 16.2 为此，中国和非洲承诺在所有有关环境管理的领域进行合作，包括污染控制、生物多样性保护、森林生态体系保护、渔业和野生动物管理，以确保经济发展和可持续人力开发
第二届部长级会议	2003 年 12 月 15—16 日	埃塞俄比亚首都亚的斯亚贝巴	《亚的斯亚贝巴行动计划》	
第三届北京峰会暨第三届部长级会议	2006 年 11 月 3—5 日	北京	中非合作论坛北京峰会宣言	
			中非合作论坛北京行动计划（2007—2009 年）	3.6 能源、资源合作 3.6.1 注意到中非在能源、资源领域具有很强的互补性，加强在该领域的信息交流与务实合作，符合双方的长远利益；决心根据互惠互利、共同发展的原则，采取多样化的合作方式，鼓励和支持双方企业共同开发和合理利用双方的能源、资源。 3.6.2 中方高度重视在合作中帮助非洲国家将能源、资源优势转变为发展优势，保护当地生态环境，促进当地经济社会的可持续发展

中非合作论坛部长级会议	时间	地点	通过文件	涉及环境保护的内容
第三届北京峰会暨第三届部长级会议	2006 年 11 月 3—5 日	北京	中非合作论坛北京行动计划（2007—2009 年）	5.6 环境保护 5.6.1 充分意识到环境保护对双方实现可持续发展的重要意义。高兴地注意到中非环保合作会议于 2005 年 2 月成功召开，双方环保合作取得实质性进展。非洲国家对中国政府捐资设立联合国环境规划署—中非环境中心表示赞赏。 5.6.2 决心加强双方环保领域对话与交流及人力资源开发合作，今后 3 年内中方将逐年增加培训非洲国家环境管理人员和专家的数量。促进双方与联合国环境规划署开展多边环保合作。 5.6.3 同意推动双方在能力建设、水污染和荒漠化防治、生物多样性保护、环保产业和环境示范项目等领域的合作
第四届部长级会议	2009 年 11 月 8—9 日	沙姆沙伊赫	《中非合作论坛沙姆沙伊赫宣言》	扩大互利共赢，提升中非务实合作水平。鼓励和促进相互贸易和投资，促进合作方式多样化，加强在减贫、环境保护、人力资源培训与能力建设、信息和通信技术等重点领域的合作，特别是在基础设施建设、农业与粮食安全等关键领域的合作
			《中非合作论坛——沙姆沙伊赫行动计划（2010—2012 年）》	5.7 应对气候变化与环境保护 5.7.1 注意到双方为共同应对气候变化已经采取了积极步骤，中方在应对气候变化、森林资源培育、新能源利用、环境管理、污染防治等方面为非洲国家举办了研修与培训项目。 5.7.2 为帮助非洲国家提高气候变化适应能力和加强环境保护，中方将在上述领域继续加大对非洲国家的人力资源培训，扩大双方交流与合作。 5.7.3 倡议建立中非应对气候变化伙伴关系，不定期举行高官磋商。中国政府决定，今后 3 年内为非洲国家援助 100 个沼气、太阳能、小水电等小型清洁能源项目和小型打井供水项目。 5.7.4 中方愿加强与非洲国家在环境监测领域的合作，继续与非洲国家共享地球资源卫星数据，促进其在非洲国家土地利用、气象监测、环境保护等领域的应用。 5.7.5 中方将帮助非洲国家加强生态系统和生物多样性保护，提高荒漠化地区综合治理和监测能力

中非合作论坛部长级会议	时间	地点	通过文件	涉及环境保护的内容
第五届部长级会议	2012年7月19—20日	北京	《中非合作论坛第五届部长级会议——北京宣言》	13. 我们对气候变化、环境恶化、能源资源安全、严重传染性疾病、重大自然灾害等全球性问题的威胁和挑战增加深表关注。我们祝贺南非成功举办德班气候变化大会，认为有关各方应根据《联合国气候变化框架公约》的原则和规定，切实履行加强行动德班平台、《京都议定书》第二承诺期、绿色气候基金、技术机制和适应等方面的共识。我们愿本着公平和“共同但有区别的责任”原则，加强《联合国气候变化框架公约》及其《京都议定书》的全面、有效、持续实施，共同推动气候变化国际合作进程
			《中非合作论坛——北京行动计划（2013—2015年）》	5.6 应对气候变化与环境治理 5.6.1 注意到双方积极响应关于建立中非应对气候变化伙伴关系的倡议，加强在气候变化领域的政策对话与交流。双方将探讨适时建立气候变化磋商机制，推动气候变化国际谈判取得积极成果，共同提高应对气候变化的能力。 5.6.2 双方对近年来在环境保护和应对气候变化领域的合作所取得的进展表示满意，强调将继续在这些领域开展交流与合作。中方将帮助非洲国家加强气象基础设施能力建设和森林保护与管理，并将在防灾减灾、荒漠化治理、生态保护、环境管理等领域加大对非洲的援助和培训力度。 5.6.3 中方将继续采取措施，帮助非洲国家提高适应和减缓气候变化影响以及可持续发展能力。 5.6.4 中方愿加强与非洲国家在环境监测领域的合作，继续与非洲国家共享中巴（中国—巴西）地球资源卫星数据，促进其在非洲国家土地利用、气象监测、环境保护等领域的应用。 5.6.5 中方将与非洲国家积极分享空间技术减灾应用经验，适时开展旱灾遥感监测技术交流与合作，提升旱灾监测能力。 5.6.6 认识到加强减灾救灾合作是中非提高防御自然灾害、消除贫困和保持社会可持续发展能力的有效途径，承诺在相关领域加强合作

资料来源：根据历年会议资料整理。

4.1.2 签署环境合作双边协议，开拓对非环境合作领域

截至2013年8月，中国已与南非、摩洛哥、埃及、安哥拉、肯尼亚签订了双边环境保护协定，就双方优先合作领域做了详细规定。

（1）中华人民共和国与南非共和国环境管理领域合作谅解备忘录（政府间协议）

2010年8月24日，环境保护部部长周生贤和陪同南非总统祖马访华的南非水利和环境事务部部长布耶卢瓦·松吉卡，分别代表两国政府签署了《中华人民共和国与南非共和国环境管理领域合作谅解备忘录（政府间协议）》。在该备忘录框架下，双方的优先领域包括：生物多样性保护；环境管理；环境政策执行；环境监测、环境守法与执法；危险、有毒废物管理；双方同意的其他领域。

（2）中华人民共和国政府与摩洛哥王国政府环境合作协定（政府间协议）

2002年5月，中国与摩洛哥签署双边环境合作协议，拟从如下方面开展合作：交换环境机构、法律和法规、计划方面的信息、科技出版物和杂志，以及两国环境状况公报；管理与保护生态敏感区域：湿地、自然保护区、山地生态系统以及沿海海岸带地区；清洁生产，城市废物的管理，回收利用、处置和削减工业废物尤其是危险废物；预防自然灾害和技术事故；评估自然灾害和技术事故；双方同意的其他有关保护和改善环境的领域。

（3）中华人民共和国环境保护总局与阿拉伯埃及共和国环境事务部环境合作谅解备忘录（部门间协议）

2007年4月2日，国家环境保护总局周生贤局长与埃及环境事务国务部马吉德·乔治部长举行会谈。双方就饮水安全、保护生物多样性、污染减排、气候变化等环境问题深入交换了意见。马吉德·乔治希望双方能在饮用水保护、新能源、秸秆利用等领域展开更为积极的交流与合作，共同推动环保事业在两国的发展。双方2003年9月还签署了《中华人民共和国环境保护总局与阿拉伯埃及共和国环境事务部环境合作谅解备忘录（部门间协议）》，并计划开展相关领域的合作：固体废弃物管理；环境政策统计指标的制定；气候变化；废物回收利用的环境技术；生态农业的环境技术；双方同意的与保护和改善环境有关的其他领域。

（4）中华人民共和国环境保护部与安哥拉共和国环境部环境合作谅解备忘录（部门间协议）

2010年6月25日，环境保护部周生贤部长在北京会见了安哥拉环境部部长

玛利亚·雅尔丁女士，双方就共同关心的环保问题交换了意见并签署了《中华人民共和国环境保护部与安哥拉共和国环境部环境合作谅解备忘录(部门间协议)》。

（5）中华人民共和国环境保护部与肯尼亚共和国环境、水与自然资源部环境合作谅解备忘录（部门间协议）

2013年8月19日，在习近平主席与肯尼亚总统肯雅塔见证下，周生贤部长与瓦克洪古部长在人民大会堂共同签署了《中华人民共和国环境保护部和肯尼亚共和国环境、水与自然资源部环境合作谅解备忘录（部门间协议）》。根据该备忘录，中肯双方将通过专家互访、举办专题研讨会等形式，共同推动在生物多样性保护、环境立法与执法、污染防治与环境管理等领域的友好交流与务实合作。该谅解备忘录的签署，将进一步促进中肯双方的环保合作，并将有利于推动两国关系的健康发展。

4.1.3 加强环境政策对话，促进区域交流

（1）举办“面向非洲的中国环保”主题活动，增进政策对话与相互理解

2003年10月23日，原国家环保总局邀请了40多个非洲国家驻华使馆在华举办“面向非洲的中国环保”活动。该活动旨在宣传中国的环保政策与科研成果，就环保问题交流各自的经验和教训，探索开发合作途径，配合中非合作论坛后续行动，推动中非在环保领域的交流与合作。近40个非洲国家的驻华大使或代表参加了活动，听取了关于中国环境保护政策、环保产业和技术发展情况的专题报告，并参观了北京高碑店污水处理厂和大兴留民营生态村。

（2）召开“中非环保合作会议”，促进高层对话与平台建设

2005年2月21日，原国家环保总局与联合国环境规划署在内罗毕联合举办“中非环保合作会议”，时任国务院副总理曾培炎和时任联合国副秘书长、联合国环境规划署执行主任特普费尔出席会议并讲话。来自非洲国家的环境部长和驻肯尼亚使节、非洲联盟代表、非洲国家环境部长会议主席团成员、联合国环境规划署高官以及其他国家的代表等共300余人出席了会议。

曾培炎代表中国政府表示，中国愿意与非洲国家加强双边和多边环境交流与合作，努力推进中非环境与发展事业不断取得新的成果，并就此提出了3点倡议：

一是扩大中非环保交流领域。双方可从各自特点出发，针对共同关心的环境问题，在自然生态和生物多样性保护、环保政策和法规制定及环境科学研究等领域，加强对话与交流，积极探索发展中国家解决环境问题的新途径。

二是大力推进环保技术合作。中非在污染治理、生态建设、生态修复等方面，总体上都处于起步阶段，合作前景十分广阔。中方愿意为非洲各国提供技术支持，促进互利共赢。

三是进一步加强人才培训。中国政府愿在中非合作论坛“非洲人力资源开发基金”项目下，为非洲各国环境官员和专家提供环保培训。

这次会议的举行标志着中非正式启动双方的环境合作进程，也为中非合作增加了新的领域。

4.1.4 中非人力资源环境培训计划

2006 年 1 月 12 日，中国政府发表了《中国对非洲政策文件》，承诺与非洲国家“加强技术交流，积极推动中非在气候变化、水资源保护、荒漠化防治和生物多样性等环境保护领域的合作”，初步确定了中非在环保方面的合作方向。2005—2012 年 5 月，在“中非合作论坛”推动下，利用中国政府的援外资金，由中国商务部举办，环保部下属机构承办的涉非环境管理研修班迄今在北京已成功举办 12 期，主要培训了来自非洲大陆的 300 多位环境高级官员。至 2013 年 8 月，专门面向非洲国家的环境管理研修班及有非洲国家参与的培训班又举办了 5 期。涉非环境培训主题涉及“水污染和水资源管理”、“生态环境保护管理”、“环境管理”、“城市环境管理”和“环境影响评价管理”等广泛的环境保护领域。培训取得了很好的效果，得到了有关国际组织的认可，特别是培训班得到了参训学员的充分肯定，该援外培训项目，曾被联合国环境规划署誉为“南南合作的典范”。环境领域援外培训班，作为中国在环境保护领域对外宣传“文化软实力”的一种载体，对中国在环境保护领域负责任大国的形象维护、对和谐周边、和谐区域及和谐世界的建设都发挥着重要的作用。

表 4-2 中国—非洲环境能力建设项目

序号	项目名称	项目执行年度	项目主要内容	项目参与国家	人员数
1	非洲国家水污染和水资源管理研修班	2005	水污染和水资源管理	阿尔及利亚、布隆迪、佛得角、刚果（金）、埃及、埃塞俄比亚、几内亚比绍、科特迪瓦、肯尼亚、莱索托、利比里亚、毛里求斯、莫桑比克、尼日尔、卢旺达、塞拉利昂、南非、坦桑尼亚、津巴布韦	23

序号	项目名称	项目执行年度	项目主要内容	项目参与国家	人员数
2	非洲国家水污染和水资源管理研修班	2006	水污染和水资源管理	博茨瓦纳、布隆迪、佛得角、吉布提、埃及、厄立特里亚、埃塞俄比亚、加纳、莱索托、利比里亚、塞舌尔、塞拉利昂、坦桑尼亚、津巴布韦	24
3	非洲国家水污染和水资源管理研修班	2006	水污染和水资源管理	安哥拉、贝宁、布隆迪、喀麦隆、刚果（布）、刚果（金）、吉布提、赤道几内亚、加蓬、几内亚、科特迪瓦、马达加斯加、马里、毛里塔尼亚、尼日尔、塞内加尔、塞舌尔、多哥	23
4	非洲国家高级官员环境保护管理（危险和固体废弃物管理）研修班	2009	危险和固体废弃物管理	阿尔及利亚、多哥、贝宁、赤道几内亚、刚果（布）、刚果（金）、几内亚、科特迪瓦、马里、毛里塔尼亚、尼日尔、塞内加尔、乍得、中非	30
5	加蓬和刚果（金）高级官员环境管理研修班	2009	环境管理	加蓬、刚果（金）、非洲开发银行	19
6	非洲国家高级官员环境保护管理研修班	2010	环境管理	埃塞俄比亚、贝宁、布隆迪、刚果（金）、加纳、马达加斯加、摩洛哥、塞拉利昂、塞舌尔、坦桑尼亚、乌干达、赞比亚、乍得、中非	31
7	非洲法语国家环境保护与管理官员研修班	2011	环境保护与管理	贝宁、布隆迪、赤道几内亚、多哥、几内亚、几内亚比绍、加蓬、科摩罗、马达加斯加、马里、摩洛哥、尼日尔、乍得、中非	30
8	非洲英语国家生态保护与管理官员研修班	2012	生态保护与管理	阿尔及利亚、津巴布韦、马拉维、纳米比亚、尼日利亚、坦桑尼亚、乌干达、赞比亚	14
9	非洲法语国家环境监察与执法官员研修班	2012	环境监察与执法	几内亚、赤道几内亚、贝宁、中非、布隆迪、摩洛哥、尼日尔、马达加斯加、卢旺达、塞内加尔、科特迪瓦、乍得	24
10	非洲国家履行国际环境公约能力研修班	2013	履行环境公约能力	埃及、埃塞俄比亚、苏丹、南非、加纳、利比里亚、津巴布韦、乌干达	15
11	非洲法语国家环境管理官员研修班	2013	环境管理	贝宁、尼日尔、突尼斯、吉布提、刚果（金）、乍得、科特迪瓦、马达加斯加、布隆迪	17

表 4-3 其他有非洲国家参与的环境能力建设项目

序号	项目名称	项目执行年度	项目主要内容	项目参与国家	人员数
1	城市环境管理政府官员研修班	2007	城市环境管理	阿富汗、阿尔巴尼亚、安哥拉、巴林、喀麦隆、哥伦比亚、刚果（金）、科特迪瓦、厄立特里亚、斐济、格鲁吉亚、加纳、几内亚、约旦、肯尼亚、利比里亚、马其顿、马达加斯加、马里、马耳他、摩尔多瓦、蒙古、黑山、缅甸、菲律宾、塞舌尔、南非、塞拉利昂、坦桑尼亚、多哥、汤加、突尼斯、越南、也门、津巴布韦	61
2	发展中国家高级官员环境管理（环境影响评价管理）研修班	2009	环境影响评价管理	孟加拉国、朝鲜、埃塞俄比亚、圭亚那、印度尼西亚、牙买加、缅甸、巴布亚新几内亚、塞舌尔、塞拉利昂、苏里南	22
3	发展中国家环境保护与管理官员研修班	2011	环境保护与管理	阿富汗、埃塞俄比亚、巴布亚新几内亚、巴基斯坦、朝鲜、菲律宾、圭亚那、加纳、老挝、利比里亚、缅甸、墨西哥、南非、南苏丹、尼泊尔、尼日利亚、塞拉利昂、塞舌尔、斯里兰卡、苏丹、坦桑尼亚、委内瑞拉、乌干达、印度尼西亚	44
4	发展中国家环境保护与低碳经济官员研修班	2012	环境保护与低碳经济	赤道几内亚、厄瓜多尔、墨西哥、智利、阿根廷、乌拉圭、委内瑞拉、巴拿马、秘鲁、萨尔瓦多、危地马拉、古巴、洪都拉斯	36
5	发展中国家环境保护与气候变化官员研修班	2012	环境保护与气候变化	毛里求斯、肯尼亚、南苏丹、南非、古巴、塞尔维亚、也门、朝鲜、委内瑞拉、乌干达、墨西哥、特立尼达和多巴哥、巴基斯坦、马拉维、马来西亚、尼泊尔、玻利维亚	25
6	尼日利亚城市固体废物管理研修班	2013	城市固体废物管理	尼日利亚	30
7	发展中国家环境保护官员研修班	2013	环境保护	赤道几内亚、玻利维亚、乌拉圭、厄瓜多尔、墨西哥、巴拿马、智利	14
8	发展中国家环境保护与气候变化研修班	2013	环境保护与气候变化	马尔代夫、多米尼加、缅甸、厄瓜多尔、塞尔维亚、古巴、肯尼亚、萨摩亚、加纳、埃塞俄比亚、利比里亚、孟加拉国、瓦努阿图、阿曼、格林纳达、越南	18

资料来源：根据环保部相关资料整理。

4.1.5 中国对非洲的环境相关援助项目

沼气和小水电等清洁能源的利用是中国开展较早且具有一定优势的援助领域，被国务院新闻办发布的《中国的对外援助》白皮书列为中国对外援助重点领域之一。在对外援助初期，中国帮助亚非发展中国家利用当地水力资源，修建中小型水电站及输变电工程，为当地工农业生产和人民生活提供电力。20 世纪 80 年代，中国同联合国有关机构合作，向许多发展中国家传授沼气技术。同时，中国还通过双边援助渠道向非洲乌干达等国传授沼气技术，取得较好效果，减少了受援国对进口燃料的依赖。

目前，中非国家间在推动可持续能源领域的双边环保合作项目已逐渐展开。中国已在塞内加尔、马里、尼日尔等国农村推广使用太阳能集热器，取得了较好的经济效益。2009 年《中非合作论坛——沙姆沙伊赫行动计划（2010—2012 年）》中，中方承诺将为非洲国家援助 100 个沼气、太阳能、小水电等小型清洁能源项目和小型打井供水项目。中国也与突尼斯、几内亚等国家开展了沼气技术合作，为喀麦隆、布隆迪、几内亚等国援建水力发电设施，与摩洛哥、巴布亚新几内亚等国开展太阳能和风能发电方面的合作。此外，中国还为发展中国家举办清洁能源和应对气候变化相关的培训。2000—2009 年，共举办 50 期培训班，培训内容涉及沼气、太阳能、小水电等可再生能源开发利用、林业管理、防沙治沙等，1 400 多名来自发展中国家的学员来华参加了培训。[①]

另据美国智库全球发展中心统计，近年来，在水资源供应和卫生领域，中国在非洲一些国家设立了以改善当地环境为目标的项目。例如，2007 年中国向毛里求斯和喀麦隆援建了污水处理厂和给水管网。[②]此外，中国企业还在科特迪瓦合作垃圾处理环保项目，并在阿比让正式启动，在毛里求斯雅克山的污水处理厂项目也已完工，取得了较好的效果。

---

①《新闻办发表〈中国的对外援助〉白皮书（全文）》，中央政府门户网站，http://www.gov.cn/gzdt/2011-04/21/content_1849712.htm。

② AidData's Chinese Official Finance to Africa Dataset, Version 1.0, http://www.aiddata.org.

4.1.6 UNEP—中国—非洲三方环境合作（UNEP-China-Africa Cooperation Program on the Environment）

（1）UNEP—科技部—非洲环境合作计划

2008年科技部与联合国环境规划署签署了《关于非洲环境技术与机制合作谅解备忘录》，启动了一期UNEP—中国—非洲环境合作项目。中国科技部与UNEP联合启动的以水资源科技合作为主题的合作项目——“非洲水行动项目”由中国政府和联合国共同组织，中国政府出资，中国相关科研院所执行，涉及水资源规划、水环境保护、水处理利用、干旱预警、节水农业等领域。本项目是中国、UNEP以及非洲国家三方合作的典范，目的合作领域切合UNEP的优先领域。项目预期旨在生态系统管理、防灾减灾、气候变化应对和可再生能源方面帮助非洲国家加强能力建设，通过UNEP非洲区域办公室，加强南南合作机制。目前三方在水资源管理合作方面的进展较为显著。

为了提高非洲国家的科技能力建设，为非洲干旱荒漠地区国家提供生态环境建设技术支撑，2009年4月双方又签署了《非洲环境合作项目执行协议》，启动对非洲大陆环境技术合作第一阶段的4个重点项目。第一阶段项目面向非洲国家开展示范工程设计规划和人员培训，已于2010年年底完成。

鉴于第一阶段合作项目收效明显，得到了相关非洲国家的高度评价，为了深化合作成效，2011年，中国科技部决定继续投入5 000万元人民币，推进第二阶段的合作项目，涵盖6个项目。

表4-4 UNEP—科技部—非洲环境合作计划大事记

2008年11月科技部与UNEP签署《关于非洲环境技术与机制合作谅解备忘录》	预期在生态系统管理、防灾减灾、气候变化应对和可再生能源方面帮助非洲国家加强能力建设，通过UNEP非洲区域办公室，加强南南合作机制。在非洲16个国家开展“非洲水资源安全保障和可持续发展科技合作”
2009年4月科技部与UNEP签署《非洲环境合作项目执行协议》，开启非洲水行动项目第一阶段合作	启动对非洲大陆环境技术合作第一阶段的4个重点项目，包括非洲社区废水处理利用示范和培训、非洲干旱地区预警机制及适应性技术示范、非洲坦噶尼喀湖流域水资源和生态保护技术、非洲雨水积蓄利用技术咨询和培训。项目主要通过技术示范与推广、技术培训、技术服务、联合研发、政策研究、科研捐赠等形式开展合作，旨在为非洲干旱荒漠地区国家提供生态环境建设技术支撑，加强非洲国家在制定政策规划、科研、监测、管理、技术引进消化吸收等领域的能力建设，推动技术转移与示范推广，促进中非在相关领域的合作研究，为非洲国家培养人才

2009年4月科技部与UNEP签署《非洲环境合作项目执行协议》，开启非洲水行动项目第一阶段合作	截至2010年，科技部与联合国环境规划署共同开展了非洲社区废水处理利用示范和培训、非洲雨水积蓄利用技术咨询和培训、非洲坦噶尼喀湖水环境检测与资源生态保护能力提升、非洲干旱预警机制及适应性技术示范、尼罗河流域主要支流及湖泊水质监测能力建设5个重点项目，涉及坦桑尼亚、赞比亚、布隆迪、刚果（布）、埃及、利比亚、摩洛哥、肯尼亚、南非、卢旺达、乌干达、莫桑比克等多个非洲国家。中方承担单位分别为同济大学、甘肃省水利科学研究院、中国科学院南京地理与湖泊研究所、山西省农科院土壤肥料研究所和北京水利规划设计研究院
2011年11月，中国科技部继续投入5 000万元人民币，推进第二阶段的合作项目	第二阶段的合作项目围绕"一河、一湖、一沙漠"的主题，正在尼罗河、坦噶尼喀湖和撒哈拉沙漠地区的16个国家开展环境援助。实施单位为联合国环境规划署、同济大学环境与可持续发展学院（IESD）、甘肃省水利科学研究院、中国空间技术研究院等。合作涉及水资源规划、水环境保护、水处理、干旱预警、节水农业和防沙治沙等方面，将涵盖流域水资源规划、安全供水新技术开发与示范、流域水资源和生态保护技术合作、地区节水农业技术合作开发与示范等6个项目。 项目将为非洲相关国家提供技术支持，帮助这些国家提升政策发展、人员培训、技术开发和转让的能力，减缓由于缺乏淡水、气候变化和环境退化带来的负面影响，用中国在几十年快速发展中取得的宝贵经验，为北非、中非地区典型国家的水资源规划和管理提供技术支持，特别是提高尼罗河和坦噶尼喀湖流域地区的水资源管理能力和环境可持续水平，乌干达、肯尼亚、布隆迪、埃塞俄比亚、苏丹、埃及等国将从中受益。 2013年3月25—26日，科技部国际合作司和联合国环境规划署非洲办公室在北京举办了"科技部—联合国环境规划署—非洲水行动项目中期评估会"。科技部国际合作司副司长、联合国环境规划署非洲办公室副主任出席，17家中方单位和来自11个非洲国家的15家合作单位共60余名代表参加。外方代表访问了甘肃会宁、定西等地区，考察了雨水集蓄利用工程、流域综合治理与生态保护工程、旱作农业耕作措施、景电灌区等示范项目，并与甘肃水科院、兰州大学和甘肃治沙所的专家进行了交流。 二期项目已帮助乌干达和肯尼亚完成了《乌干达水资源规划》和《肯尼亚雨水收集国家规划》的实施纲要；在乌干达召开的"雨水收集和水资源综合管理"培训研讨会，有40多名来自当地政府和机构的工作人员受益；在中国甘肃开展的为期6周的雨水收集专题培训，有18名非洲各国的技术人员受益

（2）发改委—UNEP—GEF“加强能力、知识和技术支持，构建脆弱发展中国家气候恢复力”项目

2013 年 4 月 22 日，由全球环境基金气候变化特别基金（GEF-SCCF）资助的项目“增强脆弱发展中国家气候变化适应力的能力、知识和技术支持”启动会在北京召开。该项目由 UNEP 与国家发改委气候司合作，在财政部支持下成功申请全球环境基金（GEF）气候变化特别基金（SCCF），由中国国家发展和改革委员会、UNEP、中国科学院共同实施；UNEP 国际生态系统管理伙伴计划作为项目管理办公室将协调该全球项目的运作和实施。本项目计划为期 4 年，获得全球环境基金气候变化特别基金赠款 500 万美元，是我国利用国际资金开展的第一个适应气候变化南南合作项目，将重点在最不发达国家、小岛屿国家和非洲国家开展知识共享、技术转让和能力建设活动，帮助发展中国家提高适应气候变化的能力。[①] 参加项目启动会的代表来自全球环境基金、中国国家发展和改革委员会、联合国环境规划署、中国科学院、中国财政部、联合国驻华代表处，联合国发展计划署等，还有项目国家毛里塔尼亚、尼泊尔和塞舌尔的政府代表，非洲气候政策中心和亚太适应网络的区域代表等也参加了会议。

中方期望本项目成为气候变化“南南合作”的旗舰项目，在“南南合作”的框架下与广大发展中国家和国际社会共享中国的经验与启示。联合国、全球环境基金也认为该项目具有创新和综合的特点，并高度评价了通过本项目与中国建立的应对气候变化伙伴关系。本项目将拓展联合国环境规划署的基于生态系统的适应旗舰计划，也是 GEF 发布生态系统途径指南以来的第一个此类项目。

本项目将为广大发展中国家提供基于生态系统途径的适应工具、方法和平台，推动发展中国家《国家气候变化适应计划》实施。项目将采用生态系统适应（EBA）增强气候变化适应力，在毛里塔尼亚（干旱生态系统）、尼泊尔（山地生态系统）和塞舌尔（海岸生态系统）三个试点国家及非洲和亚太两个地区开展机构能力建设、知识共享和适应技术转移等。[②]

（3）建立联合国环境规划署中非环境中心

我国政府曾出资捐赠了“联合国环境规划署中非环境中心”，是中非环境合作机制建设的一项重要尝试。该中心在刚果（布）召开的非洲国家环境部长会议期

① http://www.sdpc.gov.cn/gzdt/t20120822_500766.htm.

② http://www.igsnrr.ac.cn/xwzx/kydt/201305/t20130503_3831772.html.

间揭幕，我国政府出资捐赠的“联合国环境规划署中非环境中心”首期投入资金为50万美元。

后期，由于资金、运作机制等问题，该中心并未发挥出应有的积极作用。

4.1.7 其他中非环境合作相关活动

表4-5 其他中非环境合作相关活动

项目时间及名称	项目内容
2010年3月，联合国环境规划署和新华社非洲总分社共同在非洲主办“明月行动·走进非洲”大型环保公益活动	研讨世界环境保护和可持续发展进程中面临的诸多问题，与会人士资助了联合国立项帮扶的非洲学校并到肯尼亚贫困地区进行环保宣传
2012年5月17日，中非合作的环境可持续性问题研讨会在南非斯坦陵布什召开	2009年11月，时任中国国务院总理温家宝在出席中非合作论坛第四届部长级会议开幕式时宣布，作为今后3年中国政府推进中非合作8项新举措之一，中国将实施“中非联合研究交流计划”，促进学者、智库交往合作。作为2012年“中非联合研究交流计划”的重要项目，研讨会由中国驻南非使馆和斯坦陵布什大学中国研究中心（CCS）共同主办，就中非关系特别是环境可持续方面的合作展开深入探讨。 中国驻南非大使田学军出席并做“‘绿化’中非关系——中非合作的环境可持续性问题研讨会”的主旨演讲
2012年7月16日，中非绿色合作引导未来经济研讨会在北京举行	由世界自然基金会和中国环境与发展国际合作委员会共同举办。 环保部副部长李干杰就未来的中非环境合作提出了三点建议：“第一，在中非合作论坛框架下，进一步加强中非绿色发展合作，中非环保合作，应在现有基础上向更深层次、更宽领域、更高水平发展。第二，不断创新合作模式，丰富合作内涵，扎实推进在环境无害化技术、环境标志、清洁生产等方面的合作，推进可持续生产与消费领域的对话，积极开展环境合作示范项目，加强区域环境能力的建设。第三，要加强政策对话和经验交流，不断为绿色发展注入新的动力，加强双方在全球和区域环境问题上的合作，共同促进绿色发展。” 世界自然基金会全球总干事吉姆·利普在会上提出了40条有关中非合作绿色发展建议，涉及自然资源的开采和利用、投资和金融合作、清洁能源等方面
2012年9月，第十四届非洲环境部长级会议期间召开UNEP—中国—非洲环境合作边会，全面展示中国—联合国环境规划署—非洲水行动项目	UNEP非洲办公室主任、非洲办公室生态系统管理团队负责人、国际生态系统管理伙伴关系项目主任、中国环境部经济政策研究中心以及非洲各国环境领域政府官员、专家和学者共计70多人参加。边会以研讨会方式举行，由项目参与方之一的同济大学组织。同济大学教授从六个子项目水资源规划、水环境保护、水处理利用、干旱预警、节水农业和防沙治沙等方面分别阐述了项目的进展与成就。对同济大学和联合国环境规划署—同济大学环境与可持续发展学院进行了专题介绍，吸引非洲学员前来咨询

4.2 中非环境合作面临的挑战

4.2.1 对环境合作在中非合作总体布局中的重要性认识不足

中非环境合作具有重大战略意义。中非环境合作与中非政治经济合作紧密相连，可以对中非政治经济合作起到保驾护航的作用。环境合作与其他领域合作相互配合、发挥合力，能够共同促进我国对非大战略的稳步实施。然而总体来看，目前的中非环保合作仍处于培训为主的初级阶段，中非环保合作相关表述在中非合作论坛历届会议文件中的提及次数少，重要度排序也处于较为次要位置，相关表述后续难以落实在项目层次。这一现状折射出目前我国对环境合作在中非合作总体布局中的重要性未加以足够重视。

在目前环境与发展议题已然成为全球热点、在非洲进行资源类开发经营活动的中资企业屡屡引发环境争议之际，加快发展中非环境合作更是势在必行。从中国对非洲投资和援助的行业分布与发展趋势来看，能源与其他资源开发、加工以及劳动密集型的建筑与服务行业是中国对非洲援助比较集中的领域。而这些领域的环境敏感度高，极易引发环境争议。拓展中非在环境领域的合作能够更好地实现中国对非整体战略目标；也有助于展现中国负责任大国的形象，推动中国“走出去”战略实现质的提升；而且对于探索“南南合作”新模式、促进全球环境可持续发展也具有不可忽视的积极作用。加强环境合作在中非合作整体布局中的重要性，提升对中非环境合作战略意义的认识，是中非环境合作得以长远发展的基本保障。

4.2.2 未建立稳定的环境合作机制

由于中国和非洲环境合作机制仍不明确，在中非合作论坛下的环境合作机制仍缺乏基本项目支持，仅通过援外资金，举办了涉及非洲人员的多期研修班，也并未将此培训做成一个品牌性质的中非环境合作活动。总体来看，当前中非合作形式相对单一，合作效果有待强化，尚未建立稳定的环境合作机制。系统的中非环境合作机制应包括机构建设、资金支持、项目落实几个基本层次。

（1）长期有效的实施机构

目前国内缺乏落实能够对中非环境合作加以整体统筹的政策研究机构以及中非双边环境协定的有力执行机构。具体实施机构的缺失直接导致中非环保合作落实较难，形式相对单一。未来应考虑建立中非环境合作专门的实施机构，负责涉非洲环境领域合作事务；拟定中非环境项目合作的规划建议并组织落实；协调落实中非环境保护合作及重要区域环境合作机制的相关政策与战略研究；推进中非环保产业合作，组织开展相关技术交流与转让、宣传教育、人员培训等活动，确保中非环境合作落到实处。

（2）稳定的中非环境合作资金机制和对非环境援助体系

资金对于发展中国家间的环境保护合作尤为重要。迄今为止，中非环境合作仍未建立稳定的资金机制，导致中非环保合作仍以研讨培训为主，且多利用中国政府的援外资金进行，实体合作项目较难开展，直接影响了我对非开展环境合作进程。虽然原则上“南南合作”应双方各自融资，但考虑非洲多数国家经济发展水平仍然较低，事实上，我国一般需承担项目的全部费用，可以说，资金机制已成为中非环保合作发展的瓶颈。有稳定的资金支持作为保障，才能避免未来中非环境合作中重现诸如联合国环境规划署中非环境合作中心因资金不足而发展停滞的合作困局。

建立对非环境援助体系也是中非环境合作资金机制建设亟待加强的重要方面。中国对非援助始于 1956 年，21 世纪以来中国对非援助进一步大幅增加。2000—2009 年，中国对非洲提供的无偿援助和无息贷款总额增长了 463%，优惠贷款增加了 22 倍，2009 年中国对非洲援助资金占中国对外援助总额比例高达 45.7%。然而 2013 年美国研究机构全球发展中心发表的《中国对非洲发展金融援助：基于媒体报道资料收集》报告显示，2000—2011 年中国共为 50 个非洲国家援助的 1 673 个项目，援助总额约 750 亿美元，共涉及 20 多个领域，涵盖非洲社会的方方面面，但却缺乏对环境保护领域的资金投入。

事实上，中国在环境领域的对非援助项目并非完全空白。《中国的对外援助》白皮书显示，清洁能源和应对气候变化领域是中国对非援助的重点领域之一，中国向许多非洲国家传授了沼气技术、帮助发展了小水电等清洁能源。美国 AidData 数据库资料显示，在水资源供应和卫生领域，中国在非洲一些国家设立了以改善当地环境为目标的项目。当前中国对非援助并非完全环境无涉，但我国对外援助统计中缺失环境援助的对应分类在一定程度上导致了我国对非洲环境援助在数据层面难以被明确识别。然而客观上看，对非环境援助数量较小却也是不争的事实。中国对非洲援助中环保缺位，既削弱了中国对非援助的整体效益，也制约着中国与非洲合作关系的广度与深度。为此，在中非环境合作资金机制的大框架下，应考虑尽快设立对非环境援助专项。

（3）切实的项目落实机制

目前中非真正在项目层次上开展环境合作的实践也尚处于初步发展阶段，项目数量亦有限。在中非合作论坛机制下开展的中非环保合作多停留在信息交换、政策对话等务虚层次上，在项目层次落实的后续机制尚未成形。即使是已签订双边环保合作协议的国家，很多合作也尚未得到开展。如2006年我国与非盟举办了中非峰会，为了响应这次会议，2005年和2006年我国与非盟在环保领域也集中开展了多项活动，但是由于缺少稳定的环境合作机制，在峰会随后的几年间，双方积极开展的环保合作活动较少。

现有的我国科技部、发改委与UNEP合作的对非环境合作项目，就有限资料来看运行良好，影响力较大，目前在这两个项目中环保部只是有所参与，并非牵头机构或项目主要实施方。未来环保部应在推动中非环境合作中充分发挥作用，独立或与其他机构合作发起具体项目。

4.2.3 来自非洲与国际社会的外部压力与期望

自“走出去”作为一项重点国家战略被提出以来，中国企业不断加快向海外进军的脚步。然而根据《国际金融报》不完全统计，2008年至今，中国企业在尼日利亚、印度、伊朗、缅甸和哥斯达黎加等国的项目均有被官方“叫停”的记录，绝大多数涉及基础设施建设和资源开发。纵观近年来中国企业“走出去”的案例，项目“被叫停”已不能用“偶然”来形容。其中因环境风险导致中国企业在海外项目受挫的案例近年来更是屡屡增加，不仅给“中国资源环境威胁论”造成了口实，也已经严重损害了我国的环境声誉和国际形象。而在中国海外投资的诸多地区中，非洲的受关注度尤为显著。

中非开展环境合作，不仅面临着来自外部世界的压力，也同时承载着非洲与国际社会的期望。我国政府出资捐赠的“联合国环境规划署中非环境中心”，于2006年举行揭幕仪式后，我方对该中心未有后续资金支持。在该中心成立之初，非洲国家，特别是东道国刚果（布）对该中心充满期待，希望中方给予大量资金与项目支持。而UNEP也对中非环境合作开拓“南南合作”新领域给予厚望。联合国环境规划署和新华社非洲总分社于2010年3月共同在非洲主办了“明月行动·走进非洲”大型环保公益活动。期间，UNEP执行主任施泰纳表示非洲大陆拥有10亿人口，中国企业可以有效利用这一巨大的投资市场，在开发当地可再生能源等方面施展身手，既可以推进当地的可持续发展，又可以“为长期以来发展良好的中非合作关系加分”。期待中国政府持续推动“中非绿色合作”已成为以联合国为首的国际机构的重要关注点。从这一层面上看，加快中非环境合作进程，将是回应国际社会压力及对中国承担大国责任期望的有效途径。

5 中非环境合作发展战略及政策建议

5.1 中非环境合作的战略定位和总体目标

表 5-1 中非环境合作的战略定位、总体目标和合作方针

战略定位	将中非环境合作提升为中非合作中的一个重点合作领域，为中国对非政治经济外交布局服务
总体目标	把握未来 10～20 年中非环境合作稳步上升期，使中非环境合作真正有所作为，在非洲对外环境合作的大棋局中占据有利位置
合作方针	多边与双边环境合作共同促进，协调并举。 重视非洲关切，将环境与发展议题紧密结合，通过合作帮助非洲加强能力建设，加强非洲方面的主动性和中非双方的互动，令非洲方面更积极主动地参与到中非环境合作的政策设计和行动议程的制定和落实之中

5.2 促进中非环境合作的政策建议

5.2.1 中方主体视角下的中非环境合作：建立涵盖政府、企业、民间的多层次中非环境合作体系

（1）发挥政府主导作用，统筹中非环境合作整体布局

①在中非环境合作中采取多边与双边合作共同促进、协调并举的方式

对中非环境合作领域而言，多边与双边环境合作共同促进、协调并举是符合非洲特点及中非环境合作需要的可行合作模式。《中非经济和社会发展合作纲领》对中非多边合作的重要性已经有所阐述。从非洲自身的环境特点来看，非洲国家

数目众多，但各国普遍面临着应对气候变化、生物多样性保护等环境挑战，且区域性环境问题比较突出，次区域内各国的环境概况具有一定的相似性，环境合作的需求可以从非洲内部区域层次加以整合。从多边合作的特点来看，多边合作机制合作对象范围广、合作影响大，在中非环境合作中采用多边合作的思路有利于提升中非环境合作的层次与影响力。同时，中非多边环境合作也有利于加强中国与非洲各国在环境问题上的协调，便于坚定发展中国家立场的中国在国际环境谈判中与非洲国家联合阵线，采用与非洲国家联合的集体谈判策略，增强我国的国际环境谈判能力。因此，中非环境合作要充分利用多边环境合作机制合作对象范围广、合作影响大的特点，重点通过中非合作论坛、非洲开发银行以及现有的国际多边环境合作机制深化扩展与非洲的环境合作，摸索适用于中非环境合作特点的合作模式，提升中非环境合作的国际影响。

同时，考虑到非洲一体化的现有发展阶段及其面临的诸多问题，以及非洲内部国家对与区外国家合作方式的不同主张，也应在拓展中非多边环境合作的同时，积极推进与非洲国家的双边环境合作，通过双边合作反映中国对不同非洲国家所抱有的不同关切的重视。截至 2013 年 8 月，中国已与南非、摩洛哥、埃及、安哥拉、肯尼亚签订了双边环境保护协定，就双方优先合作领域做了详细规定。未来应进一步根据非洲国家的区域和国别环境需求找准切入点和突破口，通过与相关国家签署环境协议、推进政策对话、建立联合示范项目、开展人员交流培训等形式丰富的双边合作内容。

②在中非合作论坛框架下统筹中非环境合作，发布环境保护合作联合战略

中非合作论坛是中国和非洲国家在“南南合作”范畴内进行集体对话和务实合作的有效机制，也是中非环保合作的重要平台，为中非环保合作确定了重点合作领域和原则。在中非合作论坛框架下，中国政府专门成立了由 20 多个部委组成的中方后续行动委员会，环境保护部是中方后续行动委员会成员单位。中非合作论坛从 2000 年创立之初，就在《中非经济和社会发展合作纲领》中写入了关于环境管理和生物多样性的内容，此后历届部长级会议通过的宣言或行动计划中也都有涉及环境保护的合作内容。然而在《中非经济和社会发展合作纲领》中，环境管理和生物多样性在各项合作领域排序中被列于次要位置。相比在合作纲领中被置于前列的贸易、投资、工程和基础设施、债务减免、旅游业、农业合作、自然资源开发与利用等合作领域，无论是从合作计划的次序铺排还是从实际的合作力

度上看，现阶段环境合作都尚未成为中非之间的重点合作内容。此外，由于中国和非洲环境合作机制仍不明确，在中非合作论坛下的中非合作机制仍缺乏基本项目支持，仅通过援外资金举行了系列对非培训活动。

如何利用中非合作论坛这一平台推动中非环境合作，并将环境合作与中非其他合作领域尤其是双方在投资、工程和基础设施以及自然资源开发与利用领域的合作加以整合，需要在战略层次上重点考虑、加紧布局，通过深化中非环境合作，加大对非环境援助，缓解我国企业在非投资所引发的环境争议给我国带来的国际压力，为配合国家“走出去”战略以及国家对非政治外交整体战略服务。为此在中非合作论坛稳步推进的大背景下，应考虑适时出台《中国—非洲环境保护合作联合战略》，统合中非环境、经济和社会综合发展战略。具体可以参考中国与东盟合作的步骤和形式，在发布《中国—非洲环境保护合作联合战略》的基础上，编制《中国—非洲环境保护合作行动计划》，明确中非环境合作的优先领域和行动路线。

③建立稳定的对非环境援助项目与资金体系，确保中非环境合作的可持续性

环境援助作为发展援助的重要组成部分，不仅是展示国家软实力的重要舞台，更是“走进非洲，开发非洲”可持续的重要辅助手段。非洲作为重要的国际资源战略地区，备受美、日、欧等发达国家关注。发达国家主要以环境援助为途径，“宣示国际可持续发展价值观，树立开发与保护非洲正面形象，施加经济与环境双重影响力”，不断在非洲进行战略布局。以美国为例，辅助以国家领导人的高层访问，美国持续多年在生态保护与环境管理领域加大援助投入，并通过国家援助保持其项目的可持续性和稳定性。

反观我国，中非经贸合作随着高层互访不断深化，但经济合作成效卓著的同时，由于环境援助与合作力度跟不上，“中国非洲环境威胁论”逐渐成为我国在非洲可持续投资与经济合作的“短板”。仅靠中非合作论坛下的环境人力资源培训项目，难以对中非环境援助的发展形成有效支撑，更难以达到“投资非洲，合作共赢”的经济合作可持续发展目标。因此，目前亟须将对非环境援助纳入我国对非援助的整体规划，加强对非环境援助的顶层设计。在援非机制基本健全的基础上，进一步思考如何依托中非环保合作的现有机制，找寻对非环境援助的切入点和突破口，拓展对非环境援助的渠道和支点，促进中非环境合作的深入和多样化发展。具体而言，可考虑安排对外援助时优先考虑节能环保项目，重点推动环境基础设施建设，由国内大型环保企业参与建设和运营，提供相应的技术服务和配套的国

产产品设备。在使我国对非环境合作更好地服务于国家经济发展战略的同时，体现我国对非洲国家在环境与发展领域需求的重视，展示中国负责任的大国形象，实现中非互利共赢。

④探索与非洲区域组织开展环境合作的可行模式

第一，设立中非环境合作论坛，推动中非环境政策制定者交流。

非洲环境部长会议主要是一个政治性合作平台，负责就非洲整体环境政策的发展方向展开讨论。针对非洲环境部长会议的具体特点，与其合作的侧重点应定位为开展政策对话，可考虑借由非洲环境部长会议机制，建立中非环境合作论坛对话平台，扩大中非环境合作在非洲高层中的影响。

第二，探索中国—非洲开发银行—非洲国家三方环境合作模式。

非洲国家基本均是非洲开发银行的成员国。而非洲开发银行设定的环境政策工作组已经持续工作了近20年。工作组目的是推动非洲经济发展进程中的环境政策主流化，为非洲开发银行支持的经济项目提供环境支持，为非洲国家提供环境援助。非洲开发银行的环境政策主要注重环境保护与扶贫，增进非洲国家的环境能力建设，结合发展需要使污染最小化，提升区域环境合作的水平。

开拓三方合作在非洲具有一定的可行性。推动“中国—非行—非洲国家”三方合作，就环境与扶贫主题，举行“环境与扶贫政策对话”，联合搭建区域平台，将中方经验逐步输出，将具有积极的引导与示范作用。

第三，通过非盟平台促进中非多边环境合作。

就非洲联盟是否应该发挥作用这一问题，非洲国家的意见并不统一：经济上较为困难的小国，一般不愿意非盟发挥过多作用，希望通过双边协议获得更多直接的帮助；而国力较强的大国，一般有更多非洲联合自强的要求，愿意非盟发挥更多作用。对此，中国要进行多方平衡与协调。[①]考虑到非洲一体化进程尚面临诸多挑战以及非洲内部各国对非盟认同度的差异，中国应采取“非洲大国”策略，重点支持与非盟和非盟核心国家的对话，将与非盟的对话作为中非环境合作的有益补充。

⑤借力国际多边环境合作机制丰富中非环境合作层次

第一，在国际多边环境合作机制中推动中非环境合作发展。

中国与非洲国家在国际多边环境机制中的合作，最早可以追溯到1972年的联

---

① 北京大学非洲研究中心：《中非合作与可持续发展——中非合作论坛的角色与作用》，第18页。

合国人类环境会议，此后双方在诸多有关环境保护的国际会议上协调立场，进行了长期卓有成效的合作。在1972年联合国人类环境会议上，以苏丹为首的非洲国家支持中国代表团提出的《人类环境宣言》草案修正案，而后在1992年的联合国环境与发展大会上所形成的“77 国集团＋中国”合作方式，为促进南北对话发挥了积极的作用。《中非合作论坛北京行动计划（2007—2009年）》也指出，中国将促进双方与联合国环境规划署展开多边环保合作。未来应进一步在国际多边环境谈判中加强中国与非洲国家的立场协调，在帮助非洲国家履行国际环境公约方面加大投入，借力国际多边环境合作机制丰富中非环境合作层次，提升中非环境合作的国际影响力。

第二，发展中国—国际组织—非洲的三方合作模式。

借助UNEP、UNDP及其他联合国机构和国际组织，采用中国—国际组织—非洲国家三方合作的模式开展中非环境合作是一条可行路径。就推动环境部门的合作而言，重点发展中国与UNEP在非洲环境保护上的合作。UNEP总部设在非洲，与非洲各个区域组织关系较为紧密。且UNEP其自身作为联合国机构，不仅具有较强的信息获取和科学研究的能力，而且其与联合国其他机构及世界其他国家的联系网络也令其在推进非洲内部及非洲与区域外国家或组织的环境合作方面具有明显优势。在中非环境合作中，可以借由UNEP的资源和平台，依靠UNEP组织协调区域环境合作的能力，为促成中非环境合作的具体项目拓展渠道。具体操作中，可由中方向UNEP提出环境合作的领域、项目设想及方案，经与UNEP协商确定适合的非洲国家作为合作方，由UNEP负责与开展合作的非洲国家或区域组织协调联络，具体的项目实施工作由中非共同承担。项目资金方面，可通过在UNEP 下设立中非环境合作基金或以中国对非洲环境援助的方式，依项目具体情况由中方提供全部或部分项目资金支持。根据这一合作模式在实践中的运行情况，适时考虑形成中国—UNEP—非洲环境合作的固定机制，充分利用 UNEP 的资源和网络，提升中非环境合作的国际影响力，推动中国的环境发展理念、中方专家以及中国的环保技术“走出去”。

自2008年开始，中国科技部已与UNEP及非洲国家在推动非洲水资源管理能力建设方面展开三方合作。在第一期合作圆满结束后，2011年11月，中国科技部继续投入5 000万元人民币，推进第二阶段的合作项目。现阶段可对目前中国科技部—UNEP—非洲的三方环境合作模式运行情况展开充分调研评估，如证明该模式运行良好，可在总结其经验的基础上考虑进一步推广。

中非合作是“南南合作”的一个重要组成部分，UNEP 希望发挥联合国的第三方作用以推动中非环境合作，并提供技术和网络支持。UNEP 方面认为，目前中国的环境合作机制与国际合作机制还有需要调和的地方，在合作的具体操作和实施上会产生一些问题。然而总体上看，中非环境合作前景广阔，气候变化、水资源管理、城市污水处理技术等方面是中非可以开展环境合作的领域，UNEP 也正在并致力于继续推动相关领域的合作进展。

⑥未来推动中国—非洲环境保护合作中心建立

机构建设是推动中非环境合作的重要保障。非洲既是与中国互利共赢的发展合作伙伴，也是中国争取发展中国家支持、树立大国形象的重要阵地。在当前环境议题已经成为外部诟病中国的主要抓手的国际背景下，开展中非环境合作将是降噪“中国环境与资源威胁论”的有效途径。推动中国—非洲环境保护合作中心的建立可参照中国—东盟环境保护合作中心、中国—上海合作组织环境保护合作中心的发展路径，通过加强中非环境合作机构建设，着力打造中国国际环境合作的大区域平台。

（2）运用市场手段，加强中非环保产业合作，促进中国企业对非投资的绿色转型

①加强中非环保产业合作

第一，通过中非环保产业合作打造中国环保产业的国际竞争力。

中非环保合作作为中国国际环保合作的重要组成部分，是践行中国国内环保政策与推动环保产业技术“走出去”的重要发展中国家舞台，是我国参与国际环境合作成熟度的校验场。在政策战略上，商务部、环保部等部门已提出实施战略新兴性企业“走出去”战略。2011 年发布的《关于环保系统进一步推动环保产业发展的指导意见》中指出，要推动环保产业“走出去”。而《中非合作论坛北京行动计划（2007—2009 年）》指出，中国同意推动双方在能力建设、水污染和荒漠化防治、生物多样性保护、环保产业和环境示范项目等领域的合作。

中国环保企业进入国际市场才刚刚起步，还存在很多短板。比如，对国际市场的规则不了解、国际化人才的匮乏、缺乏有国际影响力的品牌等。而非洲是现阶段与中国环保产业能力较为匹配的市场。非洲是发展中国家最集中的地区，和中国有着相似的发展经历。中国在环保方面经过长期探索建立的一套符合国情的

环保体系，非洲国家借鉴较为容易。中国的环保技术和设备拥有价格低廉的优势，适合经济相对落后的非洲国家。此外，非洲是中国一直以来实施援助、支持其环境基础设施建设的对象，非洲国家对于中国企业可以提供优惠政策。中非在环保产业方面的合作可以通过免费示范、合作开发等方式，为我国环境保护企业的硬件产品推广与示范提供便利。此外，要推动中国环保产品走进非洲，也需要国家在金融、财税、贷款等诸多方面给予优惠政策。建议设立非洲环保项目，先期投入补贴资金，对先期市场开拓费用由政府按一定比例进行项目补贴。[①]而在引导我国环保产业走进非洲的同时，也应表达欢迎非洲有能力的环保企业走进中国的意愿，可在与非洲国家签订的协定中设立税收抵免条款，保障双方环保企业享受对方的税收优惠政策，显示我国与非洲国家开展环保产业双向合作的诚意。

第二，将中非环保产业合作纳入现有中非合作资金机制支持范围。

目前，中非发展基金是中非合作领域较为成熟的资金机制安排。中非发展基金是支持中国企业开展对非合作、开拓非洲市场而设立的股权投资基金，是时任国家主席胡锦涛在 2006 年 11 月中非论坛北京峰会宣布的对非务实合作八项政策措施之一，总额逐步达到 50 亿美元。目前，中非基金一期、二期资金共 30 亿美元，全部由国家开发银行出资。

中非发展基金不同于对非经济援助，基金不按国别分配，而是与合作项目结合，按照国际股权投资基金的操作模式，结合中国、非洲经济发展和产业调整方向，通过投资和咨询服务等方式引导和支持中国企业在非洲开展直接投资，致力于增强非洲发展的“造血”机能；积极履行投资的环境与社会责任。目前中非发展基金主要的投资范围包括：对非洲国家恢复、发展经济具有重要作用，能够帮助其提高自身“造血”机能的农业、制造业等；基础设施和基础产业，如电力及其他能源设施、交通、电信和城市给排水等；资源领域合作，包括油气和固体矿产等资源合作；中国企业在非洲开办的工业园区等。

目前环保产业尚不在中非发展基金的主要投资领域之列，未来可考虑采用由中非基金、中国企业或中非企业共同出资组建环保产业合资公司对非洲环保项目进行投资；或中非基金直接投资中资环保企业，由该企业投资非洲地区项目；或与非洲开发银行等国际金融机构合作直接投资非洲环保项目等模式支持中资环保企业在非投资经营活动。

① 《中国环保企业走出去正当时》，人民网，http://env.people.com.cn/n/2012/0924/c1010-19089989.html。

②鼓励中非开展企业间环境社会责任交流，推动中国企业对非投资的绿色转型

为改善我国在非投资企业的环境声誉，提高中国与非洲企业履行环境社会责任的能力，可以考虑由相关行业协会牵头，搭建中非企业间环境社会责任交流平台。交流平台的首要功能在于通过交流环保标准、组织人员互访、分享环境信息等方式，向非洲国家宣传我国企业在非投资的优秀案例，听取来自非洲企业意见，提升非洲国家对中国企业的信任度。同时，还可基于平台促使中国企业与非洲一些企业和行业协会建立联系，帮助企业了解非洲相关国家和行业的环保法规政策，开展系列人员培训活动，共同加强双方企业在履行社会责任方面的能力建设，并通过交流沟通为新的投资和合作寻找机会。在社会责任交流平台发展较为成熟的阶段，可以考虑在其框架下，设立畅通中非企业以及中国企业与非洲民间信息沟通的制度性渠道，保证非洲企业对中国企业参与当地竞争的看法，以及东道国社区对由企业投资引发的就业、居民安置、环境保护、生态恢复等一系列问题能够通过直接与中方企业或企业协会沟通得到及时解决，避免当地投诉无门，最终引发争议导致国际媒体或环境非政府组织介入扩大对我负面影响。

（3）推动中非民间环保交流

从参与全球环境治理的角度看，中国在国家和企业层次上都已有参与全球环境治理的相关实践，然而中国的环保 NGO 目前还鲜有独立“走出去”开展项目的案例。中国参与全球环境治理的结构在民间层次上存在缺失。虽然现阶段中国已有 7 000 多家环保 NGO，但受资金、发展水平和政策性支持有限的限制，目前中国环保 NGO 的国际活动主要集中于加入国际组织、参加国际会议、与国际组织合作开展项目三种对国际环保 NGO 依附性较强的国际参与方式，独立在国外开展项目的环境 NGO 数量十分有限。在欧美大国环境 NGO 国际影响力日益提升，国内公民社会发展加速，环保议题关注度不断上升的大背景下，我国民间力量在国际环境舞台上的失声与我国的自身实力和国际地位已然不相符合，NGO“走出去”的落后现状亟待有所突破。

与对外投资、环保产品“走出去”相仿，非洲也是中国环保 NGO 国际化的潜在“市场”。对国内环保 NGO 而言，依托自身经验、优先选择非洲及其他发展中国家作为海外项目开展地、抓住国家对外投资和对外援助绿色转型的政策机遇

是其走进非洲的一条可行路径。中国环保 NGO 走进非洲，不仅能够增加参与中非环境合作的主体，也有助于中国环保 NGO 积累独立开展国际项目经验，加强自身能力，推动中国环保 NGO 国际化进程。

未来中国环保 NGO 走进非洲应当成为中非环保合作的重要组成部分。而中国环保 NGO 能否顺利在非洲生根发芽，既要求非政府组织自身培养国际化视野，提高自身能力和专业知识技能，扩展组织的资源网络；也需要政府部门在战略上认真思考，给予重视，为环保 NGO 走进非洲创造条件。

①推动有实力的 NGO 走进非洲，辅助中非环境合作的整体布局

国内诸如中华环保基金会、中华环保联合会等大型环保 NGO 得益于获取体制内资源的便捷，发展规模相对较大、专业知识水平和活动能力较强，在“走出去”进程中更容易获得政府的政策支持。

因此可以考虑先行推动有实力的 NGO 走进非洲，以 NGO 为主体在非洲国家独立设计实施生物多样性保护、应对气候变化等环境项目。此外，由于 NGO 与政府的天然联系，可以帮助分担部分政府对当地中资企业的监管职能，发挥 NGO 的灵活性特点，使其成为解决某些涉外问题的一种选择。建议在由政府推出的对外投资配套环境政策包中，引入 NGO 作为参与方和监督者，依托这些 NGO 帮助实现政府对海外企业环境管理职能的延伸，同时加强 NGO 与中国环境非政府组织在海外投资项目环境影响方面的合作，协助企业解决当地社区居民安置、项目地生态恢复等问题，改善中资企业在非洲的环境形象。

②鼓励中非民间环境组织开展交流，架设中非民间环保合作平台

不同于资金充足、活动能力强的环保 NGO，中国草根环保 NGO 数量众多，发展水平参差不齐。对于民间环保 NGO，现阶段应以鼓励中非民间环保组织交流为主，为中国民间环保 NGO 与非洲环保组织开展交流搭建平台，为有能力的 NGO 走进非洲创造条件。鉴于民间环保 NGO 现阶段在非洲独立开展项目能力不足的现状，可以与非洲环保 NGO 开展环保宣教方面的合作。同时，建议促进中非民间环境智库的交流合作，开展非洲热点环境问题联合科学研究，建立权威的非洲研究资料库和数据库，扩大中非民间环境合作的影响力。

（4）密切政府、企业、民间配合，建立广泛多层次的中非环境合作体系

从中方主体视角思考中非环境合作战略，除了要针对不同主体的特点谋划其各自在中非环境合作中的功能和作用，还需要注意加强不同主体间的联系，使政

府、企业、民间组织密切配合，发挥合力。具体而言，政府部门应在政策层面对在非企业和 NGO 加以支持。政府搜集非洲国家当地的环境法律法规，为在非投资企业提供配套的咨询服务。对于环保 NGO，政府应在促进其国际化方面发挥推动作用，为非政府组织“走出去”创造时机。政府相关部门应在充分研究的基础上，考虑出台对环境非政府组织“走出去”的支持性政策，将非政府组织作为推动中国对外投资和对外援助绿色转型的一支重要力量，推动企业“走出去”和 NGO“走出去”的协同发展。另外，企业和 NGO 也需要密切与政府部门的配合。企业应就其经营活动及时与政府沟通，防范负面环境影响的发生，一旦出现问题与政府部门共同解决。环保 NGO 也应抓住当前对外投资对外援助绿色转型的政策时机，通过与政府合作提高自身“走出去”的能力和效益。

5.2.2 次区域视角下的中非环境合作：拓展中国与非洲次区域的环境合作，明确优先合作领域

（1）北非

①在河流生态保护方面进行合作

开展水污染防治领域的合作。北非的主要环境问题之一是水环境污染问题，并需要相应的污染防治技术。建议就北非相关水污染防治技术市场进行调查，就相关产业推进与北非国家进行合作。

②开展中国—北非环境友好型城市建设相关合作

北非一些国家正处于经济发展阶段，其城市化带来的环境污染问题与我国一些城市有相似之处。例如由于机动车增加而带来的空气污染，人口增加带来的资源消耗和环境污染，以及工业化带来的污染问题等。通过我国与北非相应国家建立环境友好型城市，可以促进我国与北非国家在城市环保领域的合作。通过互助共建以及相应活动的展开，将我国解决城市化问题的经验和教训与北非国家进行交流。促进双方环境保护互利共赢。

③推动绿色产业合作

北非由于能源产业发达，在清洁生产与节能技术方面对开展国际合作较有兴趣。我国可以根据北非所关心的绿色产业与技术，将双方经验进行交流与分享，并可以在适当时机组织针对北非国家的“绿色技术产业对话与交流”活动。

（2）西非

①帮助西非贫困地区设计脱贫且环保的可持续生产方式

西非的主要问题是贫困。在西非，有许多国家被列入联合国发展计划委员会发布的最贫穷国家当中。贫困导致大量的环境问题，人们为了生计而采取对自然掠夺式的占有方式是极端不可持续的。我国在减少贫困保护生态方面做了积极的尝试。对于水源地保护区、自然保护区等生态物种丰富的地区不但进行保护，且对当地居民给予一定的补偿措施，帮助这些居民采用更加环保和生态的生产方式，减少其对森林资源和物种资源的采伐和利用。这些经验应积极与西非国家进行分享。

②加强与西非在海洋污染治理领域的项目合作

西非地区的海洋污染问题十分严重，由石油开采、工业废水废物排放、固体废物排放、海洋垃圾、海岸带污染等造成的海洋污染日益加剧。近海油井和海上运输设备溢油与邻近国家开发海上油气资源带来的污染也越来越多。中国也面临着相似的海洋环境污染问题，尤其在海洋溢油风险管理方面。建议双方开展海洋污染治理领域的研究与合作，共同开发海洋污染治理技术与方法，并在西非地区进行试点示范，共同推进海洋污染治理与海洋环境保护。

（3）南部非洲

南部非洲国家的经济发展相对落后，长期依赖于外部国家的援助，但是很长时间里这种援助和发展的力量是不平衡的。在气候变化的影响不断加强的现状下，更需要强调气候变化下的南部非洲粮食安全问题，此外，社会动荡、政治混乱、内战与纷争还构成了对环境合作的外部环境的消极影响。在与非洲南部国家开展环境合作的过程中，需要综合考虑环境利益、经济利益和国家利益的融合，努力促使多方获益的多赢局面不断展开。主要政策建议如下：

①开展环境管理与执法交流

南部非洲是中国企业开展矿业与自然资源投资的重点地区。南非、赞比亚等南部非洲国家具有相当严格环境影响评价制度，但有法不依、执法不严，是南部非洲国家的通病，或是整个非洲地区的问题。为此，可以在已经开展中非“环境管理与执法”培训班的基础上，继续开展对非相关培训活动，并根据实际情况，推动设立中非环境管理与执法能力建设项目。

②推动资源型城市的绿色发展政策对话与技术合作

中国与南部非洲，特别是南非资源型城市发展进程中，在资源环境退化加剧资源型城市已有的经济结构失衡，失业和贫困人口的不断增加，替代产业发展乏力，生态环境破坏严重等问题上有较多相似之处。为此，建议推动双方的资源型城市绿色发展对话，在采用可持续方式管理自然资源、提高资源效益等方面开展政策交流，并促进双方在矿山复垦、水土保持等领域的技术合作。

③推进环保产业、行业标准规范合作

中国企业进入非洲是大势所趋，为了更好地为中国企业服务，提供政策支持，应做到“开拓市场，标准先行”。在开展国际环境合作的同时，发挥我方在环境保护方面环境标准与技术优势，将我国环境保护企业推向前台。通过免费示范、合作开发等方式开展国际环境合作，为我国环境保护企业的硬件产品推广与示范提供便利。在推广产品、技术的同时通过捆绑相关的环境技术标准、技术规范等软件。这一方面可以进一步夯实双方长期开展环境合作的基础，为以我为主的环境技术、标准、规范在国际上的推广打下基础；另一方面，可以使非洲南部成为我国在国际上开展环境竞争中的基地，为我国在其他地区开展相关的环境合作提供经验。

（4）东非

①开展国家公园与自然保护区管理合作

东非地区的国家公园、自然保护区物种丰富、类型多样，在多年政策经营的基础上，整体管理框架相对完善。建议加强我国与东非国家在国家公园、自然保护区管理领域的政策对话，并集合有关科学实践，加强生物多样性科学研究领域的合作。

②开展跨界生态保护与生态补偿政策与人员交流

东非地区的自然保护区有很大一部分属于跨界自然保护区，由多个国家共同实施生物多样性保护行动。同时，各国也在保护区内开展了生态系统服务付费与生物多样性代偿的实践，在有效保护生物多样性的同时维持了保护区内原有居民的生计。建议与东非有关国家在跨界保护区生态系统服务付费和生态补偿的实践等领域进行政策与人员交流，促进将双方在生态保护跨界保护经验进行交流与分析，同时积极推进保护地区内的生态系统服务付费与生物多样性抵偿行动。

③推进小型绿色技术转让与扶贫合作

根据 2011 年一项针对东非的民间调查，针对城市发展、扶贫的小型化的家庭绿色技术产业是东非国家感兴趣的重点。为此，建议加强双方在以家庭为单位的小型化绿色农业、可再生能源等方面进行合作。

（5）中非

①推进生物多样性资源的绿色产品认证合作

中非地区以森林为核心的生物多样性资源极为丰富，为次区域乃至整个非洲大陆提供重要的生态系统产品与服务。为此，通过中非在生物多样性资源产品领域的绿色认证合作，鼓励实施有利于生态系统服务体系的建设活动将对保护中非丰富的森林生物多样资源至关重要。建议初步可以开展生物多样性资源产品的绿色认证技术和标准交流与合作，举办相关绿色认证体系能力建设培训班。

②加强与中非在农业面源污染领域的项目合作

中非地区经济发展相对滞后，其主要生产仍然集中于农业。农业生产带来一系列的环境问题，包括水资源的消耗，水环境的污染，生态系统破坏，土壤肥力下降等。而我国对于中非的关注有很大一部分是对于农业的援助。首先，应在农业援助中考虑环境问题，在农业援助方面将我国在农村环境保护中丰富的经验带到中非去，并重点结合农业面源污染问题，开展相关解决该问题的环保试点示范项目。

（6）西印度洋群岛

①开展生物多样性保护与可持续利用合作

西印度洋群岛国家与中国都拥有丰富而独特的生物多样性，其生物多样性都具有全球性意义，双方都同样面临着生物多样性丧失、外来物种入侵的巨大威胁，需要对其宝贵的生物多样性进行保护与可持续利用。建议就生物多样性保护与可持续利用政策措施和实用技术进行经验交流与分享，同时积极推进双方在相关生物技术产业方面的互利共赢合作。

②帮助西印度洋群岛国家提高在生态系统保护领域适应气候变化能力

西印度洋群岛国家多属于岛国，气象灾害和气候变化对生态系统的影响严重。目前，西印度洋群岛国家应对气候变化的能力有限，在相应自然灾害面前十分脆弱。中国在该领域已经积累了一定的适应与减缓气候变化、应对气象灾害的生态实践经验与方法。建议就适应气候变化与生态保护主题开展能力建设，开展对话与合作，帮助西印度洋群岛国家加强在生态系统保护领域应对气候变化的能力。

5.3 对中非环境合作路线图的初步设想

基于上述对中非环境合作总体战略的初步研究分析，本书提出如下对中非环境合作路线图的初步设想。路线图设想初步划分为三个阶段，从政府、企业和民间三个层次，分步骤推进中非环境合作。

表 5-2 中非环境合作路线图初步设想

第一阶段 2015—2020 年	第二阶段 2020—2025 年	第三阶段 2025—2030 年
1. 开设中非环境论坛，促进中非民间交流	1. 发布《中国—非洲环境保护合作联合战略》	1. 发布《中国—非洲环境保护合作行动计划》
2. 完善对外援助分类体系，开启对非环境援助	2. 成立中国—非洲环境保护合作中心	2. 设立中非环境合作基金
3. 中非环保产业合作示范项目落地	3. 民间机构“走出去”初步布局成型	3. 与非洲联盟、非洲开发银行、其他非洲区域组织形成环境合作模式
4. 启动中国—非洲绿色使者计划	4. 与非洲次区域在优先合作领域开展环境合作示范项目	4. 建立中非环保产业合作基地

5.3.1 第一阶段预设时间为 2015—2020 年

以如下阶段性目标为工作重点。

（1）开设中非环境论坛，促进中非民间交流

在促进中非民间环保交流方面，可以效仿目前已经建立的在中非妇女权益论坛和中非法律论坛，设立中非环境论坛，从架设民间交流平台入手，逐步推进中非民间环保组织间的合作。

（2）完善对外援助分类体系，开启对非环境援助

中国在非洲环境援助的缺位问题亟待解决。对此，可借鉴西方国家经验，从设立专项的环境援助资金入手，在自然资源保护、生物多样性、应对气候变化、环境管理和监控、环境培训和技术转让等领域逐步开展与非洲合作。将区域环境合作和对外环境援助作为援外重点领域之一，制定对非环境援助长期战略规划。

目前，与国际环境援助分类标准的不统一，是导致我国未来要建立绿色援助体系难以获得国际社会认可的重要原因。为此，我国应建立与国际接轨的援助分类体系，在对外援助统计中单独列出环境援助统计，促进我国对外援助绿色化。同时要注意加强环境合作和环境援助的外宣工作，提高中国环境援助资金数据的透明度，使国际社会客观了解中国在环境援助领域的态度和作为。

（3）中非环保产业合作示范项目落地

目前中非之间尚未建立稳定的环境合作机制，现有的科技部、发改委与 UNEP 合作的对非环境合作项目也是由政府与国际组织合作项目，重点关注环境技术和能力建设，环保产业合作尚未起步。作为企业层次环保合作的重要部分，中非环保产业合作目前亟须通过试点示范项目落地得以实质开启。

（4）启动中国—非洲绿色使者计划

在“中国—东盟绿色使者计划”的基础上，为进一步加强发展中国家在环境保护领域的合作与创新，中国提出了“中国南南环境合作—绿色使者计划”。该计划共分绿色政策、绿色创新、绿色先锋、绿色伙伴等内容，旨在通过多种形式的交流与对话，分享发展中国家间环境治理经验，支持发展中国家环境保护能力建设，推动政府决策者对话与交流，加强环保产业及科技合作，鼓励公众参与，提升社会环境意识，构建中国“南南”环境合作伙伴关系与联盟。启动“中国—非洲绿色使者计划”，从政府、企业、民间三个层次统筹推进中国—非洲环境合作，丰富中国“南南”环境合作的内容。

5.3.2 第二阶段预设时间为 2020—2025 年

以如下阶段性目标为工作重点。

（1）发布《中国—非洲环境保护合作战略》

在中非环境合作发展的第二阶段，可考虑制定《中国—非洲环境保护合作战略》。通过制定战略，确立中国—非洲环境保护合作的战略地位，明确中国—非洲环境保护合作的意义、共同的挑战与机遇、目标与原则、合作领域、实施机制等，对中国和非洲的环境保护合作进行长期指导，并为出台《中国—非洲环境保护合作行动计划》奠定基础。

（2）成立中国—非洲环境保护合作中心

机构建设是合作机制中的重要一环，为此有必要在未来成立中国—非洲环境保护合作中心，加强中非环保合作机构建设。该中心将具体负责执行《中国—非洲环境保护合作联合战略》各项内容安排，负责中非环境领域合作事务，拟订相关环境项目合作的规划建议并组织落实，协调落实中非环保合作及重要区域环境合作机制的相关政策与战略研究，为相关谈判提供技术支持，推进中非环保产业合作，在组织开展相关技术交流与转让、宣传教育、人员培训等活动方面发挥作用。

（3）民间机构“走出去”初步布局成型

在中非环境合作的第二阶段，可考虑通过加紧民间机构走进非洲布局，使民间层次在整个中非环境合作中的作用逐步凸显，初步形成政府、企业、民间配合的广泛多层次中非环境合作体系。针对有实力的NGO，推动其作为在非洲国家独立设计实施生物多样性保护、应对气候变化等环境项目的主体走进非洲，辅助中非环境合作的整体布局。针对草根环保NGO，应以鼓励与非洲民间环境组织开展交流为主，架设中非民间环保合作平台。同时也应促进中非民间环境智库的交流合作和联合科学研究，鼓励中非民间机构构建绿色伙伴关系。

（4）与非洲次区域在优先合作领域开展环境合作示范项目

在第一阶段中非环保产业示范项目落地的基础上，第二阶段应针对非洲各次区域的环境需求，可将中非环保产业合作深入至各次区域的不同优先合作领域，为第三阶段非洲环保产业基地建立奠定基础。就具体的次区域而言，由于北非能源产业发达，在清洁生产与节能技术方面对开展国际合作较有兴趣，而南部非洲对环境产品市场需求相对较大，可以选择北非和南部非洲地区优先开展环保产业合作，逐步使非洲成为我国在国际上开展环境竞争中的基地，为我国环保产业“走出去”积累经验。

5.3.3 第三阶段预设时间为2025—2030年

以如下阶段性目标为工作重点。

（1）发布《中国—非洲环境保护合作行动计划》

在《中国—非洲环境保护合作联合战略》的基础上，可在中非环保合作第三阶段发布《中国—非洲环境保护合作行动计划》，制订落实联合战略的具体行动方案，可将建立环境合作与政策对话平台、推进环保产业合作项目、搭建中非环保民间交流平台等内容纳入行动计划，并明确实施机构和资金安排。

（2）设立中非环境合作基金，建立系统的对非环境援助计划和资金机制

在第三阶段，建议设立中非环境合作基金作为对非环境援助的重要工具，并在投资项目筛选中有所侧重，加强对非环境援助与我国在非经济与投资的协调与联动。具体而言，可在深入调研非洲国家环境与发展的需求与我国对外投资具体关注点基础上，识别我国对非投资领域与非洲环境关切的结合点，重点支持资源开发类项目的配套环境援助，优先将业已或未来极易引发环境争议的投资项目纳入环境合作基金的考虑范围，将对非环境援助与我国对非经济合作战略紧密结合。此外，还可推行中非环境合作基金绿色援助计划，通过与非洲重要产油国、矿产国建立资源—环境战略联盟，实施绿色援助贷款或赠款，支持其建设环境公共设施。

（3）与非洲联盟、非洲开发银行、其他非洲区域组织形成环境合作模式

非洲联盟、非洲开发银行以及非洲其他区域组织是中国与非洲开展环境合作潜在的合作伙伴，但由于上述机构在职能、执行能力和被认同度上的差异，应针对其各自特点采取不同合作策略。具体而言，可与非洲环境部长会议开展高层政策对话；与非洲开发银行发展中国—非洲开发银行—非洲国家三方环境合作模式；通过非盟平台促进中非多边环境合作。借力非洲区域组织丰富中非环境合作的形式，扩大中非环境合作的区域和国际影响力。

（4）建立中非环保技术与产业合作示范基地

在第二阶段与非洲次区域在优先合作领域开展环境合作示范项目的基础上，第三阶段可进一步促成建立中非环保产业合作基地，立足国内环保科技园和中国—东盟环保产业合作示范基地的发展经验，依托中非环保产业合作示范项目，通过建立示范合作基地推动中国—非洲环保产业合作机制化、规模化。

参考文献

[1] 中国—东盟环境保护合作中心. 中国—非洲环境合作研究. 2012.

[2] 北京大学非洲研究中心. 中非合作与可持续发展——中非合作论坛的角色与作用. 2012年WWF“中国领跑世界革新”全球项目报告.

[3] 李安山. 浅析法国对非洲援助的历史与现状. 西亚非洲，2009（11）.

[4] 国务院新闻办公室. 中国的对外援助白皮书. 2011.

[5] 张宏明. 非洲发展报告 2011—2012. 北京：社会科学文献出版社，2012.

[6] Africa Environment Outlook，UNEP.

[7] 中非合作论坛网站，http://www.focac.org/chn/.

[8] OECD DAC 数据库.

[9] 非洲环境部长会议网站，http://www.unep.org/roa/amcen/.

[10] 非洲开发银行网站，http://www.afdb.org/.

[11] 美国千年挑战公司网站，http://www.mcc.gov/.

[12] 德国国际合作机构网站，http://www.giz.de/.

[13] 法国开发署网站，http://www.afd.fr/lang/en/home.

[14] 英国国际开发署网站，http://www.gov.uk/government/organisations/department-for-international-development.

附录

附表 1　2000—2011 年美、德、法、英国四国对非洲环境援助承诺数额　　单位：10^6 美元

	2000	2001	2002	2003	2004	2005	2006	2007	2008	2009	2010	2011
美国	37.6	57.1	115.1	43.7	51.6	33.3	32.1	93.4	75.9	70.3	130.4	138.3
德国	34.2	39.5	28.9	25.5	57.2	22.3	20.1	98.3	101.6	62.0	33.8	169.0
法国	11.1	48.8	49.4	31.5	43.7	38.3	108.3	209.5	199.8	48.8	218.9	47.9
英国	11.4	7.3	35.3	1.3	3.5	1.5	1.8	6.8	5.4	66.6	12.3	19.5

注：所列援助额为 OECD“410 一般环境保护（General Environmental Protection）”子目下的援助额数据。一般环境保护子目包括环境政策和行政管理、生物圈保护、生物多样性、定点地区保护、洪水防治、环境教育培训、环境研究。其他援助类别中也会有用于环境目的的资金，未被计算入此表格。其他通常包含用于环境目的的援助类别包括：教育、健康、水资源和卫生、政府和公民社会、其他基础设施建设和服务、交通和仓储、能源、金融服务。

附表 2　2008—2011 年美、德、法、英、日本对非洲环境援助占对非洲援助总额比例

		2008	2009	2010	2011
美国	对非援助总额	10 970.43	9 865.56	9 625.92	10 154.73
	对非环境援助	75.92	70.27	130.41	138.33
	对非环境援助占比	0.7%	0.7%	1.4%	1.4%
德国	对非援助总额	3 631.34	2 394.95	2 993.73	3 140.46
	对非环境援助	101.55	61.96	33.84	168.96
	对非环境援助占比	2.8%	2.6%	1.1%	5.4%
法国	对非援助总额	5 496.55	5 514.60	5 745.06	4 808.37
	对非环境援助	199.84	48.77	218.87	47.93
	对非环境援助占比	3.6%	0.9%	3.8%	1.0%
英国	对非援助总额	2 685.45	4 355.36	1 677.21	1 623.42
	对非环境援助	5.44	66.57	12.27	19.46
	对非环境援助占比	0.2%	1.5%	0.7%	1.2%
日本	对非援助总额	2 032.72	1 828.63	3 830.16	2 286.52
	对非环境援助	167.59	13.16	63.34	15.29
	对非环境援助占比	8.2%	0.7%	1.7%	0.7%

注：承诺援助额，单位：10^6 美元。

附表 3　2002—2011 年美、德、法、英国四国对非洲环境援助实际数额　　单位：10^6 美元

	2002	2003	2004	2005	2006	2007	2008	2009	2010	2011
美国	58.6	87.3	129.1	30.2	34.9	32.2	66.5	73.5	68.8	78.9
德国	15.7	31.4	36.9	38.0	41.5	57.7	76.0	71.4	74.3	78.4
法国	38.7	31.9	37.8	46.7	96.6	32.4	71.5	105.1	107.6	116.6
英国	2.1	6.4	12.0	12.5	7.8	9.5	4.5	18.8	19.2	48.9

附表 4　2004—2011 年各主要对非洲援助机构对非洲环境援助实际数额　　单位：10^6 美元

	2004	2005	2006	2007	2008	2009	2010	2011
非洲开发银行	—	—	—	—	—	—	—	0.0
非洲开发基金	8.1	7.9	8.6	12.5	8.0	0.7	7.1	14.6
欧盟机构	24.9	25.5	58.0	116.0	86.1	64.9	75.3	96.7
全球环境基金	—	—	—	—	2.9	3.5	2.4	—
UNDP	9.0	10.7	12.8	11.1	54.6	65.3	72.6	66.0
UNEP	—	0.3	1.6	3.1	4.0	4.6	7.5	6.7

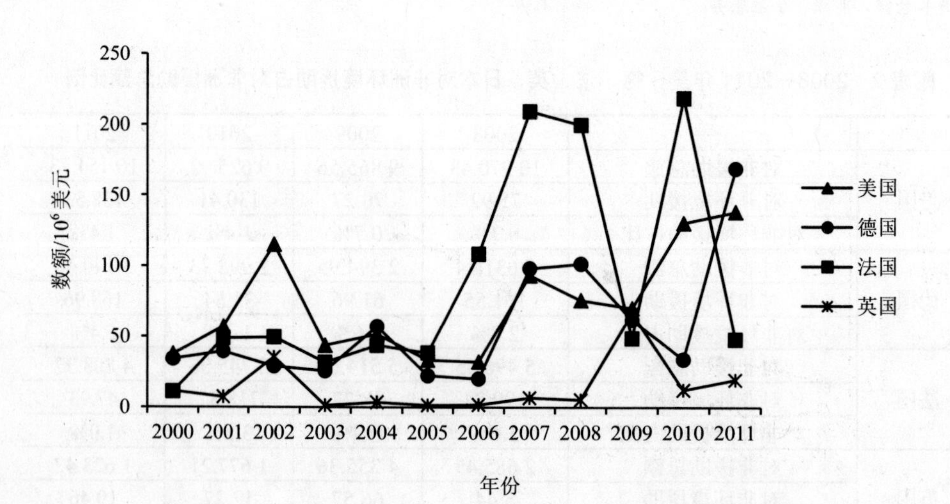

附图 1　2000—2011 年美、德、法、英四国对非洲环境援助承诺数额

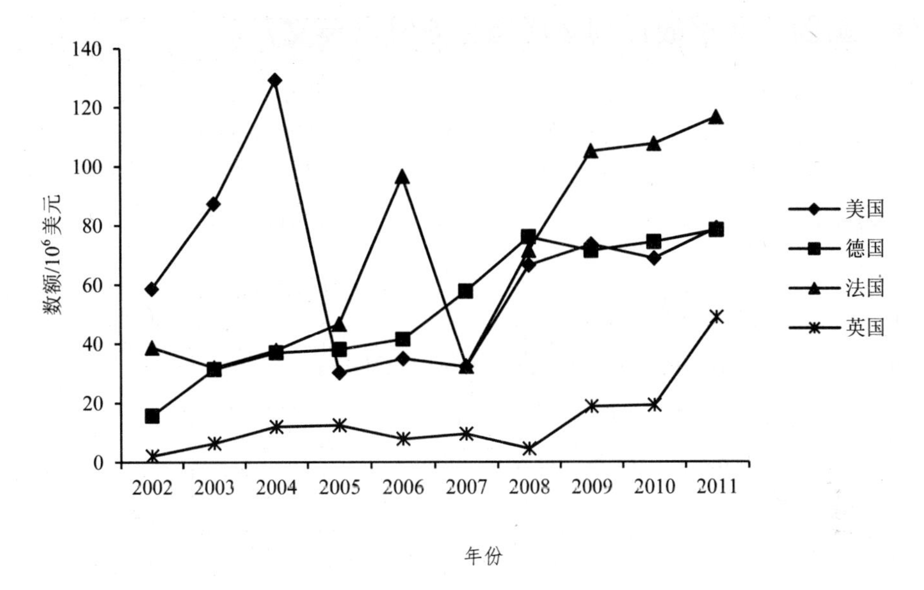

附图 2　2002—2011 年美、德、法、英四国对非洲环境援助实际数额

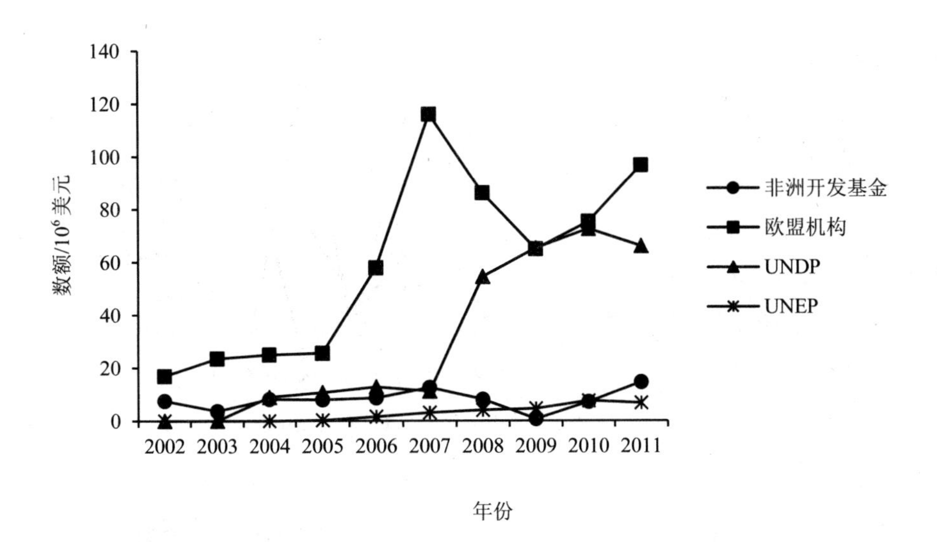

附图 3　2002—2011 年各主要对非洲援助机构对非洲环境援助实际数额

附件：美国千年挑战计划环境指导方针（英文）

资料来源：http://www.mcc.gov/pages/about/policy/environmental-guidelines

Environmental Guidelines

Approved：June 28，2012

- 1 Statement of Principles
- 2 Sources of Policy；Applicability of Guidelines
- 3 Environmental and Social Review
- 4 Environmental and Social Screening
- 5 Public Consultation and Disclosure
- 6 Monitoring
- 7 Reporting
- 8 Effectiveness

1 Statement of Principles

The Millennium Challenge Corporation（“MCC”） recognizes that the pursuit of sustainable economic growth and a healthy environment are necessarily related. These guidelines set forth the process for the review of environmental and social impacts [1] to ensure that the projects undertaken as part of programs funded under Millennium Challenge Compacts with eligible countries（“Compacts”） are environmentally sound，are designed to operate in compliance with applicable regulatory requirements，and，as required by the legislation establishing MCC，are not likely to cause a significant environmental，health，or safety hazard. [2]

MCC is committed to program design that reflects the results of public participation in host countries during all phases of the program，integrating governmental interests with those of private business and civil society. In this spirit，MCC will work to ensure that the preparation of Environmental and Social Impact

Assessments will include consultation with affected parties and public disclosure of the associated documents.

Finally，MCC is committed to the principle of host-country ownership of a Compact，including host-country responsibility for measures to mitigate adverse environmental and social impacts. A Compact project is expected to comply with host-country laws，regulations and standards，as well as requirements by which the host country is bound under international agreements.

2 Sources of Policy；Applicability of Guidelines

The policies reflected in these guidelines are based，broadly speaking，on sound sustainable development project design principles and international best practices in this field，including，but not limited to the following：

- the "Principles of Environmental Impact Assessment Best Practices" of the International Association for Impact Assessment；
- the environmental policies and guidelines of other United States government development assistance and financing entities；
- the environmental and social policies and guidelines of the multilateral development banks，the *Common Approaches* developed by export credit agencies through the Organization for Economic Cooperation and Development（OECD）；and
- the *Equator Principles* in use by international commercial banks.

In addition，these guidelines reflect the following：

- Section 605（e）（3）of the Millennium Challenge Act of 2003 prohibits MCC from providing assistance for any project that is "likely to cause a significant environmental，health，or safety hazard." Consequently，the presence of such a project in a host country's proposal will preclude MCC funding（or continued funding）of that project.（See the discussion of "environmental，health or safety hazard" in Appendix A.）
- Executive Order 12114，January 4，1979，44 Fed. Reg. 1957（January 9，1979）requires every federal agency taking actions encompassed by that Executive Order to establish procedures to implement it with respect to certain major federal actions having significant effects on the environment outside the geographical borders of the

United States and its territories and possessions. It is expected that the Executive Order will have limited applicability to MCC programs，but where the terms of the Executive Order apply，the procedures described in Appendix B will be used.

In those instances where MCC's actions or a project undertaken or funded under a Compact may significantly affect the quality of the environment of the United States，including its territories or possessions，MCC will require adherence to the environmental review procedures established by the Council on Environmental Quality under the National Environmental Policy Act（NEPA），40 CFR Part 1 500，in lieu of these guidelines.

In addition to the foregoing，and to the extent consistent with these guidelines and any applicable additional guidance issued by MCC from time to time，the projects MCC finances under a compact will be developed and implemented in a manner consistent with the environmental and social performance standards set forth in the *Performance Standards on Environmental and Social Sustainability* of the International Finance Corporation，as amended from time to time（IFC Performance Standards）. Consistent with MCC's principle of country ownership，the host country is responsible for managing environmental and social risks and impacts consistent with the requirements of the IFC Performance Standards.

MCC seeks to ensure，through its due diligence and implementation oversight efforts，that Compact activities it finances are implemented in accordance with the requirements of the IFC Performance Standards. MCC will only support Compact activities that are expected to meet the requirements of the IFC Performance Standards within a prescribed timeframe.

These guidelines are primarily intended to describe the principles of environmental and social impact assessment that Compact-eligible countries will be expected to apply in the context of a Compact. These guidelines are not intended to describe MCC's internal implementation procedures，which MCC will develop to reflect experience with these guidelines.

MCC will review and revise these guidelines from time to time to reflect lessons learned in their application as well as relevant changes in international standards and norms of practice. In addition，MCC may provide such additional guidance to a host country during the implementation of a program as may be advisable in light of host-country norms and international standards，such as the Environmental，Health，and Safety Guidelines of the World Bank Group（2007，or as amended from time to time）or World Health Organization guidelines and standards.

3 Environmental and Social Review

These guidelines will apply to the review of each project described in a Compact or proposed Compact（generally referred to herein as a "project" or，collectively，as "projects"）. The application of these guidelines to specific projects and the breadth，depth，and type of environmental and social impact review to be completed will depend on the nature，scale，and potential environmental and social impact of proposed projects.

MCC's process of environmental and social review should take into account specific host-country conditions，the findings of host-country environmental studies，National Environmental Action Plans（NEAPs），the host country's overall policy framework and national legislation，the capabilities of the entities implementing the project and managing its environmental and social impacts，and obligations of the host country under relevant international agreements.

4 Environmental and Social Screening

As early as possible in the Compact proposal review process，MCC will screen each project as described in these guidelines. As part of its review of Compact proposals，MCC funding decisions will be informed by the results of screening and，where needed，an Environmental and Social Impact Assessment or other environmental and social impact analysis. To that end，MCC will not fund a project unless there is provision for appropriate screening and appropriate environmental and social impact analysis.

While the completion of the requisite environmental and social impact analysis is the responsibility，either directly or indirectly，of the host country，MCC will advise and consult on the requirements of an Environmental and Social Impact Assessment. MCC will review the findings and recommendations of the Environmental and Social Impact Assessment to ensure their consistency with these guidelines, and where appropriate, may require additional assessment work, including public consultation and information disclosure（see below）.

4.1 Categorical Prohibition

As stated above, MCC may not provide assistance for any project that is "likely to cause a significant environmental, health, or safety hazard." Accordingly, as part of its environmental and social screening, MCC will identify and exclude such a project from MCC funding, using the definition contained in Appendix A. Such a project will be classified as a Categorical Prohibition.

4.2 Determination of Project Category

MCC will screen all Compact proposals to identify projects that require further review due to their potential adverse environmental and social impacts, and projects that are in sensitive sectors or in or near sensitive locations. The result of this screening process will be an environmental classification following the recommendations contained in the OECD *Common Approaches* and the practices of the World Bank, classifying in accordance with the potential environmental and social impact, and the extent of the environmental and social review required.

Category A

A project is classified as Category A if it has the potential to have significant adverse environmental and social impacts that are sensitive, diverse, or unprecedented. These impacts may affect an area broader than the sites or facilities subject to physical works. Category A, in principle, includes projects in sensitive sectors or located in or near sensitive areas. An illustrative list of sensitive sectors and sensitive locations is set out in Appendix C.

For Category A projects, MCC will require an Environmental and Social Impact Assessment in accordance with these guidelines. An Environmental and Social Impact Assessment evaluates the potential environmental and social risks and impacts of a specific project in its area of influence; examines alternatives to the project, including ways of improving project selection, siting, planning, design, and implementation in order to prevent, minimize, mitigate, or compensate for adverse environmental and social impacts and enhance positive impacts; and includes an Environmental and Social Management Plan, which describes the process of mitigating and managing adverse environmental and social impacts during the implementation of a project. The recommended contents of an Environmental and Social Impact Assessment report are included in Appendix D.

An Environmental and Social Impact Assessment should be initiated as early as possible in project development and be integrated closely with the economic, financial, institutional, social, and technical analyses of a proposed project. An Environmental and Social Impact Assessment should take into account the natural environment(air, water, and land); human health and safety; social aspects(involuntary resettlement, indigenous peoples and cultural property); natural disaster risk and vulnerability assessment; and transboundary and global environmental aspects.

For a Category A project, disbursement of some or all of the MCC funding for that project will be contingent upon completion of an Environmental and Social Impact Assessment. In deciding whether to provide some MCC funding for the project in advance of completion of the Environmental and Social Impact Assessment, MCC may consider funding costs of the assessment itself as well as costs of some other project elements (*e.g.*, initial project administration) that can be prudently undertaken before the Environmental and Social Impact Assessment is completed. In the event that it is not possible to complete the Environmental and Social Impact Assessment, MCC will define procedures for addressing such a case on a Compact-specific basis. In any event, the project will be subject to the other requirements of these guidelines.

Category B

A project is classified as Category B if its potential environmental and social impacts are less adverse than those of Category A projects. Typically, these impacts are site-specific, few if any of them are irreversible, and mitigation measures are more readily available.

For a Category B project, MCC will require specific environmental and social impact analyses，including Environmental and Social Management Plans，as appropriate. Such analyses may be a condition for disbursement of some or all of the MCC funding for the project. The scope and format of the analyses will depend on the project and its potential environmental and social impacts. Like an Environmental and Social Impact Assessment for a Category A project，the analysis for a Category B project must examine the potential negative and positive environmental and social impacts of the project and recommend any measures needed to prevent，minimize，mitigate，or compensate for adverse impacts and enhance positive impacts. Generally，the scope of such work will be narrower than for Category A projects.

Category C

A project is classified as Category C if it is unlikely to have adverse environmental and social impacts.

While MCC generally will not require environmental and social impact analysis for a Category C project，MCC reserves the right to require specific environmental and social impact studies，reporting，or training where relevant or where positive environmental and social impacts may be enhanced.

Category D

A proposed project is classified as Category D，if it will involve an intermediate facility（such as a municipal public grant fund） that will use MCC funding to finance subprojects that may potentially result in adverse environmental and social impacts.

The host country must require that subprojects under a Category D project comply，at a minimum，with the environmental and social impact analysis standards，as well as relevant laws and regulations，of the host country. MCC reserves the right to set additional environmental and social performance standards and monitoring requirements for subprojects on a case-by-case basis，depending on the nature of the intermediate facility. For all subprojects，the intermediate facility will ensure that environmental and social impact analyses and associated documents are developed with public consultation and made available in a public place accessible to potentially affected parties.

The host country must require the intermediate facility to monitor the environmental and social performance of its subprojects and submit to MCC periodic （usually annual） reports on the implementation of its environmental and social procedures and the environmental and social performance of its portfolio.

In addition to or in lieu of the determinations described above，MCC will determine during the environmental screening whether Appendix B of these guidelines，the National Environmental Policy Act，or other requirements or procedures must apply to the proposed project.

5 Public Consultation and Disclosure

Consistent with MCC's principle of host-country ownership of the projects implemented under a Compact，implementing entities will be expected to incorporate timely，participatory，and meaningful public consultation in the development of Compact-related Environmental and Social Impact Assessments，analyses，and associated Management Plans. They will also be expected to make these documents publicly available and easily accessible.

6 Monitoring

In order to ensure compliance with measures to mitigate any adverse environmental and social impacts of projects undertaken pursuant to a Compact，as part of the Compact and related documents，MCC may condition disbursement of some or all of the MCC funding for the project on satisfactory implementation of those mitigation measures. The means of ensuring compliance with measures to mitigate any adverse environmental and social impacts of a given project，including any conditions for disbursement，will be specified in the Compact and related documents.

The host country will be responsible for appropriate monitoring of project mitigation plans（e.g.，Environmental and Social Management Plan） during the term of the Compact. Recognizing that not all Compact-eligible countries may have this capacity，MCC can，where appropriate，provide funds within the Compact to help ensure proper oversight and implementation of mitigation measures. MCC will monitor compliance through the review of information provided by the implementing entity and through site visits.

In addition, MCC may require, where appropriate, an environmental audit in order to assess the impact of prior or existing activities not funded with MCC funds or of an MCC-funded project to determine the status of regulatory compliance and environmental performance, as well as potential environmental and health and safety risks, liabilities, and opportunities associated with the activities or project.

These guidelines will be referenced and reflected in the Compact. The Compact will include a prohibition, for the full term of the Compact, on the use of MCC funding for projects deemed likely to cause a significant environmental, health, or safety hazard.

7 Reporting

The host country must report regularly to MCC, describing how the activities funded under the Compact are being carried out in compliance with these guidelines and the environmental and social requirements described in the Compact and related documents. The reports should provide detailed information on realized environmental and social impacts and the status of the implementation of mitigation plans (e.g., Environmental and Social Management Plan), including associated costs. MCC may modify its guidance regarding project implementation following the review of such reports.

8 Effectiveness

This policy was approved as of June 28, 2012 and is effective immediately. For the avoidance of doubt, this policy will remain in effect with respect to any successor position or office performing the functions of its predecessor until this policy is modified, revoked, or superseded. In addition, this policy supersedes any prior policy, guidance, and/or delegation of authority with respect to the subject matter hereof.

Appendix A: Definitions

1. Environmental, Health, or Safety Hazard—A project is deemed "likely to cause a significant environmental, health, or safety hazard" and, therefore, prohibited

from receiving MCC funding, if:

a. as a result of the project, even with mitigation efforts and proper use, there exists or will exist a substance, condition, or circumstance that represents a likely risk of significant harm to the environment or to human health because of the physical, chemical or biological effects of such substance, condition or circumstance;

b. the project involves or will involve the production, procurement, or intentional release of any pesticide, industrial or consumer chemical or other product (including an emission or effluent)

i. that is listed for elimination or restriction under the Stockholm Convention on Persistent Organic Pollutants;

ii. that is banned or severely restricted under the Rotterdam Convention on the Prior Informed Consent Procedure for Certain Hazardous Chemicals and Pesticides in International Trade;

iii. that is listed or nominated for inclusion under the Rotterdam Convention on the Prior Informed Consent Procedure for Certain Hazardous Chemicals and Pesticides in International Trade;

iv. that includes an active ingredient that is classified as "extremely hazardous" (Class Ia) or "highly hazardous" (Class Ib) in "The WHO Recommended Classification of Pesticides by Hazard," as revised from time to time; or

v. that is a pesticide that includes an agent that the United States Environmental Protection Agency has classified in Toxicity Class I, has classified as a Restricted Use Pesticide, or has not registered for use in the United States; or

c. the project is a physical project that, in the United States, is prohibited or strictly regulated by federal law to protect the environment from radioactive substances;

unless MCC has made a final determination, taking into consideration an appropriate environmental and social review in accordance with the criteria in the "Environmental and Social Review" section of these guidelines, that the project is not likely to cause a significant environmental, health, or safety hazard.

2. Environmental and Social Impact Assessment—Analysis that identifies the

potential environmental and social impacts of a specific project in its area of influence; examines alternatives to the project; identifies ways of improving project selection, siting, planning, design, and implementation in order to prevent, minimize, mitigate, or compensate for adverse environmental and social impacts and enhance positive impacts; and includes the process of mitigating and managing adverse environmental and social impacts during the implementation of a project. The scope and level of detail in an Environmental and Social Impact Assessment should be commensurate with a project's potential impact. At a minimum, an Environmental and Social Impact Assessment should include the information outlined in Appendix D: Environmental and Social Impact Assessment Reports.

3. Environmental and Social Management Plan (ESMP)—An Environmental and Social Management Plan describes mitigation, monitoring and institutional measures to be taken during project implementation to eliminate adverse impacts, offset them, or reduce them to acceptable levels.

4. Project—For the purposes of environmental and social screening and determination of the applicable project category and scope of analysis under these guidelines, a project, depending on the applicable circumstances as determined by MCC,

a. may be the same as a "Project" as defined in the applicable Compact;

b. may be an identifiable component or activity of a broader Compact-defined Project; or

c. may comprise two or more Compact-defined Projects (for example, where there is close interdependence such as sharing the same site or infrastructure).

For the purposes of determining the applicable project category and assessing the environmental and social impact of a project, a project must have independent utility and should not be segmented as a means to reduce the significance or magnitude of environmental and social impacts.

The environmental and social impact assessment or the resettlement action plan for a project must cover all components of the project, regardless of the source of financing. The assessment must cover other activities that in the judgment of MCC are directly and significantly related to the MCC-funded project, are necessary to achieve its objectives and are carried out，or planned to be carried out，contemporaneously with the project.

Appendix B：Procedures Implementing Executive Order 12114

This Appendix sets forth the procedures that MCC will use to implement Executive Order 12114，January 4，1979，44 Fed. Reg. 1957（January 9，1979）（the "Executive Order"）.

1. Actions Covered

The MCC officer having the ultimate responsibility for authorizing and approving actions will take into consideration an appropriate environmental impact analysis before authorizing and approving any：

a. MCC action that significantly affects the environment of the global commons outside the jurisdiction of any nation（*e.g.*，the oceans or Antarctica）；

b. MCC action that significantly affects the environment of a foreign nation not involved or participating with the United States in the action；or

c. MCC action outside the United States that significantly affects natural or ecological resources of global importance which have been designated for protection by the President or，in the case of resources protected under a binding international agreement，by the Secretary of State.

2. Type of Environmental Review

Subject to section 4，

a. For actions specified in section 1（a）above，MCC will take into consideration an Environmental Impact Assessment.

b. For actions specified in sections 1（b）or 1（c）above，MCC will take into consideration an appropriate environmental review in accordance with the criteria in the "Environmental Review" section of these guidelines.

3. State Department Coordination

MCC will contact the State Department for coordination of all communications with foreign governments concerning environmental agreements and other arrangements to implement sections 1 and 2 above.

4. Meaning of Certain Terms

This section 4 applies to this Appendix B and to no other part of these guidelines.

For purposes of applying the Executive Order and this Appendix B, “environment”, as specified in the Executive Order, means the natural and physical environment and excludes social, economic and other environments; and an action significantly affects the environment if it does significant harm to the environment even though on balance the action is believed to be beneficial to the environment.

Appendix C: Illustrative List of Sensitive Sectors and Sensitive Locations[3]

The following list provides examples of projects with the potential to cause significant negative environmental impacts due to their type, location, sensitivity and scale. This list is indicative and the types of projects it contains are examples only. This list is not intended to be exhaustive.

- Crude oil refineries (excluding undertakings manufacturing only lubricants from crude oil) and installations for the gasification and liquefaction of 500 tons or more of coal or bituminous shale per day.
- Thermal power stations and other combustion installations with a heat output of 300 megawatts or more and nuclear power stations and other nuclear reactors, including the dismantling or decommissioning of such power stations or reactors (except research installations for the production and conversion of fissionable and fertile materials, whose maximum power does not exceed 1 kilowatt continuous thermal load).
- Installations designed for the production or enrichment of nuclear fuels, the reprocessing, storage or final disposal of irradiated nuclear fuels, or for the storage, disposal or processing of radioactive waste.
- Integrated works for the initial smelting of cast-iron and steel; installations for the production of nonferrous crude metals from ore, concentrates or secondary raw materials by metallurgical, chemical or electrolytic processes.
- Installations for the extraction of asbestos and for the processing and transformation of asbestos and products containing asbestos: for asbestos-cement products, with an annual production of more than 20 000 tons finished product; for friction material, with an annual production of more than 50 tons finished product; and for other asbestos utilization of more than 200 tons per year.
- Integrated chemical installations, *i.e.*, those installations for the manufacture

on an industrial scale of substances using chemical conversion processes, in which several units are juxtaposed and are functionally linked to one another and which are for the production of any of the following: basic organic chemicals; basic inorganic chemicals; phosphorous, nitrogen or potassium-based fertilizers (simple or compound fertilizers); basic plant health products and biocides; basic pharmaceutical products using a chemical or biological process; explosives.

- Construction of motorways, express roads and lines for long-distance railway traffic and of airports with a basic runway length of 2 100 meters or more; construction of a new road of four or more lanes, or realignment and/or widening of an existing road so as to provide four or more lanes, where such new road, or realigned and/or widened section of road would be 10 kilometers or more in a continuous length.

- Pipelines, terminals, and associated facilities for the large-scale transport of gas, oil, and chemicals.

- Sea ports and inland waterways and ports for inland-waterway traffic which permit the passage of vessels of over 1 350 tons; trading ports, piers for loading and unloading connected to land and outside ports (excluding ferry piers) which can take vessels of over 1 350 tons.

- Waste-processing and disposal installations for the incineration, chemical treatment or landfill of hazardous, toxic or dangerous wastes.

- Large [4] dams and other impoundments designed for the holding back or permanent storage of water.

- Groundwater abstraction projects or artificial groundwater recharge schemes in cases where the annual volume of water to be abstracted or recharged amounts to 10 million cubic meters or more.

- Industrial plants for the (a) production of pulp from timber or similar fibrous materials; (b) production of paper and board with a production capacity exceeding 200 air-dried metric tons per day.

- Peat extraction, quarries and open-cast mining, and processing of metal ores or coal.

- Extraction of petroleum and natural gas for commercial purposes.

- Installations for storage of petroleum, petrochemical, or chemical products with a capacity of 200 000 tons or more.
- Large-scale logging.
- Municipal wastewater treatment plants with a capacity exceeding 150 000 population equivalent.
- Municipal solid waste-processing and disposal facilities.
- Large-scale tourism and retail development.
- Construction of overhead electrical power lines.
- Large-scale land reclamation.
- Large-scale primary agriculture/silviculture involving intensification or conversion of natural habitats.
- Plants for the tanning of hides and skins where the treatment capacity exceeds 12 tons of finished products per day.
- Installations for the intensive rearing of poultry or pigs with more than: 40,000 places for poultry; 2 000 places for production pigs (over 30 kilograms); or 750 places for sows.
- Projects that are planned to be carried out in sensitive locations or are likely to have a perceptible impact on such locations, even if the project category does not appear in the above list. Such sensitive locations include national parks and other protected areas identified by national or international law, and other sensitive locations of international, national or regional importance, such as wetlands, forests with high biodiversity value, areas of archaeological or cultural significance, and areas of importance for indigenous peoples or other vulnerable groups.

Appendix D: Environmental and Social Impact Assessment Reports [5]

The scope and level of detail of an Environmental and Social Impact Assessment should be commensurate with the potential impacts of the project. The Environmental and Social Impact Assessment report should include the following items (not necessarily in the order shown):

- Executive summary: concisely discusses significant findings and recommended actions.

● Scoping：identifies the issues and impacts that are likely to be important and establishes the terms of reference for the Environmental Impact Assessment.

● Policy，legal and administrative framework：discusses the policy，legal，and administrative framework within which the Environmental Impact Assessment is carried out.

● Project description：describes the proposed project and its geographic，ecological，social，and temporal context，including any offsite investments that may be required（e.g.，dedicated pipelines，access roads，power plants，water supply，housing，and raw material and product storage facilities）；indicates the need for any resettlement or social development plan； and normally includes a map showing the project site and the project's area of influence.

● Baseline data：assesses the dimensions of the study area and describes relevant physical，biological，and socio-economic conditions，including any changes anticipated before the project commences. Also，it takes into account current and proposed development projects within the project area but not directly connected to the project. Data should be relevant to decisions about project location，design，operation，or mitigatory measures；the section indicates accuracy，reliability and sources of the data.

● Environmental and social impacts：predicts and assesses the project's likely positive and negative impacts on the surrounding natural environment and on the humans reliant on that environment，to include effects on cultural property，indigenous peoples，and involuntary resettlement，as well as the impacts on human health and safety，in quantitative terms to the extent possible. This may also include significant induced，indirect，and cumulative impacts and reasonably foreseeable effects that may be associated with or ancillary to the project. It identifies mitigation measures and any residual negative impacts that cannot be mitigated. It explores opportunities for environmental enhancement. It identifies and estimates the extent and quality of available data，key data gaps，and uncertainties associated with predictions，and specifies topics that do not require further attention.

● Analysis of alternatives：systematically compares feasible alternatives to the proposed project site，technology，design and operation — including the "without project" situation — in terms of their potential environmental and social impacts; the feasibility of mitigating these impacts; their capital and recurrent costs; their suitability under local conditions; and their institutional, training and monitoring requirements. For each of the alternatives, it quantifies the environmental and social impacts to the extent possible and attaches economic values where feasible. It states the basis for selecting the particular project design proposed and justifies recommended emission levels and approaches to pollution prevention and abatement.

- Environmental and Social Management Plan: describes mitigation, monitoring and institutional measures to be taken during project implementation to eliminate adverse impacts, offset them, or reduce them to acceptable levels.
- Consultation: lists and describes consultation meetings, including consultations for obtaining the informed views of the affected people, local nongovernmental organizations and regulatory agencies. Project-level consultation should begin at scoping and continue through implementation.

Footnotes

1. "Environmental and social impacts" include the effects of a project on the surrounding natural environment and on the humans reliant on that environment, to include effects on cultural property, indigenous peoples, and involuntary resettlement, as well as the impacts on human health and safety. They may also include significant induced, indirect, and cumulative impacts and reasonably foreseeable effects that may be associated with, or ancillary to the project.

2. Appendix A sets forth definitions of words and phrases used in these guidelines.

3. Source: EBRD "Environmental Policy" (January 2003), also in use under the OECD "Common Approaches."

4. A large dam is a dam with a height of 15 meters or more from the foundation or a dam that is between 5 and 15 meters high with a reservoir volume of more than three million cubic meters (the definition used by the International Commission on Large Dams, ICOLD).

5. This Appendix is based on the World Bank Operational Manual, OP 4.01.

后 记

为探索南南环境合作新模式，为国家“走出去”战略提供支撑，中国—东盟（上海合作组织）环境保护合作中心作为环境保护部区域环保国际合作的平台与支持机构，持续开展了中非环境合作研究。结合我国与非洲有关国家或区域组织的相关环境合作需求，积极构建中非环境合作伙伴关系，打造中国南南环境合作共同体。

本报告是环境保护部国际合作司支持的“领导人机制下发展中国家环境合作项目”下的专题研究，是2012年中国—东盟（上海合作组织）环境保护合作中心研究成果《中国—非洲环境合作研究》的延续和发展，感谢环保部国际合作司的大力指导与支持。

报告由李霞、周国梅、刘婷执笔完成。中国—东盟环境保护合作中心解然、彭宁、陈超，北京大学国际关系学院刘海方在报告撰写过程中提出了宝贵意见。